Eバイク事始め

次世代電動アシスト自転車がよくわかる本

JN122145

著者：松本健多朗

イラスト：松本規之

■まえがき

　身近な乗り物として知られている自転車は、自動車やオートバイと比較すると地味な存在と言える。しかし、ここ近年、自転車の中でも、モーターでアシストを行う電動アシスト自転車が世界中で注目されている。

　電動アシスト自転車とは、モーターの力を人力の補助として使う自転車。1993 年に、日本のヤマハ発動機が世界初の量産型電動アシスト自転車を発売し、今では日本だけでなく、欧州や北米を中心に注目されているモビリティとなっている。

　電動アシスト自転車と言えば、日本では ” ママチャリ ” と呼ばれる街乗り用の電動アシスト自転車を思い浮かべるだろう。

　しかし、欧州や北米では、電動アシスト自転車は E バイクという名前で日本とは違う独自の発展を遂げている。E バイクは、クロスバイクやマウンテンバイク等のスポーツ自転車を電動アシスト自転車にした物で、日本の街乗り用電動アシスト自転車と比較して、走行性能や趣味性が高いのが特徴だ。また、車両価格も日本の街乗りタイプの電動アシスト自転車より高価で、オートバイ並の高価な物も存在する。

　欧州で 2011 年に登場した E バイクは、瞬く間に普及し、僅か 10 年後の2021 年には、ドイツ一国だけで 200 万台の販売台数を達成。また、ドゥカティや MV アグスタ、ハーレーダビッドソン、ポルシェといった名だたる高級オートバイブランドや高級車ブランドが参入するほど注目されており、従来の自転車という括りを超えたマイクロモビリティとなっている。

　海外では注目されている E バイクだが、日本では E バイクという名前は知られていても、一体どういう物なのか、従来の電動アシスト自転車と比較して何が違うのか、どのような種類があるのか、どんな E バイクを選べばいいのか、どんな楽しみ方があるのかわからないと思う人が少なくないだろう。また、電動アシスト自転車や E バイクに関する書籍は非常に少ないのが実情だ。

　2023 年現在、E バイクの世界はたえまなく進化している状況となっており、商品紹介を行うと情報が急速に古くなってしまうという問題がある。そこでこの本では、あえて各メーカーの特徴や商品の紹介をせず、E バイクが他のモビリティと違う所や、E バイクの走り方、選び方、楽しみ方、歴史など基本的だが知っておきたい内容を中心に執筆した。

　イラストは、松本規之氏にお願いした。同氏は、漫画「南鎌倉高校女子自転車部」などで知られているが、実は E バイクオーナーでもあり、今回の本の執筆にお願いしてイラストを描いて頂いた。この本は、新製品は紹介していないが、E バイクを楽しむためのヒント集として、長い間楽しめる本になっていると思う。これから E バイクを買おうと思う人から、すでに E バイクを購入して楽しんでいる人まで、E バイクに関心のある人すべてに満足していただければ幸いである。

Eバイク事始め　目次

① E バイクとはどういう乗り物か？

様々なメディアで注目されている E バイク。

日本の街中で見かける電動アシスト自転車とは、デザインなど様々な部分が違うが、実際の所、どのような乗り物なのかあまり知られていない

また、人によってはオートバイと何が違うのか気になる人も少なくないだろう

ここでは、E バイクはどういう乗り物なのか解説する

■Ｅバイクは街乗り用電動アシスト自転車と何が違う？

街中でよく見る一般的な電動アシスト自転車は、実用性を重視したデザインやモーターを採用している

　Ｅバイクに興味を持って調べていくうちに多くの人が気になるのが、従来の電動アシスト自転車とＥバイクは何が違うのかという事だろう。

　世界的にＥバイクと呼ばれているモビリティは、免許やヘルメットが必要なオートバイとは違い、免許不要の自転車扱いなのが主流となっている。

　日本では、Ｅバイクと呼ばれる乗り物は街中でよく見る電動アシスト自転車と同じ駆動補助機付自転車という扱いで、運転者がペダルを漕がないと走行しない構造である、規定されたアシスト比率を採用しているなど道路交通法で定められた基準を満たせば自転車として扱われる。

　電動アシスト自転車とＥバイクの違いは、自動車やオートバイで言うと、ジャンルの違いだと思えば良いだろう。一般的に、従来の街乗り電動アシスト自転車は、前カゴや泥除けなどを装備し実用性を重視していることが多く、街乗りなど短距離での走行を目的として設計されている。また、価格に関しては高額なモデルでも10万円台後半から20万円台前半と、他の乗り物と比較して低価格なのが一般的だ。

　一方でＥバイクは、街乗り向けの電動アシスト自転車よりも高価でありながら、その性能やデザインにおいて趣味性が求められるモデルが多い。

Ｅバイクは電動アシスト自転車よりも、趣味性を重視している車種が多い。種類はマウンテンバイクタイプやクロスバイクタイプといったスポーツモデルが主流だが、それだけでなく、カーゴバイクタイプなど実用性と趣味性を両立したモデルも存在する

　これは、Ｅバイクの本場である欧州市場が関係している。欧州市場での電動アシスト自転車は、日本とは違いマウンテンバイクやクロスバイクといったスポーツタイプの自転車を電動アシスト化したものが主流だ。このような電動アシスト自転車をＥバイクと呼び、デザインや走行性能を重視した車種が支持され、高価でも人気となった。そのため、Ｅバイクには、日常の移動用に特化したモデルだけでなく、長距離サイクリングや未舗装路走行に対応するモデルや、大量の荷物を積むことができるカーゴバイクタイプなど様々な車種があり、従来の自転車の価値観が変わりつつある。

　日本でもＥバイクと呼ばれているモデルは、欧州市場の影響を受けており、街乗り用の電動アシスト自転車よりも高価なものが多い。これらのＥバイクは、高性能なハイパワーモーターや大容量バッテリーを搭載しており、力強いアシストや長時間の走行が可能だ。車体も軽量なアルミやカーボン素材を使用し、スタイリッシュなデザインを採用している。

　Ｅバイクの価格は、有名ブランドだと低価格モデルで 30 万円台から、高価なもので 100 万円を超えるものまで幅広く展開されており、オートバイと比較して決して安くはない。しかし、海外では高性能・高付加価値を求める消費者たちによってＥバイクは注目を集めており、世界の流れに影響を受けて日本でもＥバイクは注目されつつある。

■人力スポーツ自転車と比較した場合のEバイクの特徴

Eバイクは、アシスト速度が制限されているので、単純に速度を求めるのには向かない。しかし、上り坂や向かい風といった、従来の人力自転車では不快になる場面でも快適に走ることができる

　Eバイクを購入する際、よく比較されるのが、一般的な人力タイプのスポーツ自転車だろう。Eバイクはモーターとバッテリー、アシストを制御するコントローラーを搭載し、モーターのパワーやトルクに耐えられる車体設計や部品を採用している。車体の価格は通常の人力スポーツ自転車よりも高価で、車体重量も重い。また、モーターのアシストは時速24キロで切れるため、それ以上の速度を出す場合は人力のみで走る必要がある。このような欠点を見て、Eバイクではなく通常の人力スポーツ自転車を購入する人は少なくない。Eバイクは単純に速度を出して走るのには不向きだが、モーターのアシストによって、人力スポーツ自転車では厳しい場所でも快適に走ることができるという大きな利点がある。

　いちばんわかりやすいのが上り坂だ。人力スポーツ自転車の場合は、上り坂を走るのが苦痛なのに対して、Eバイクにはモーターのアシストがあるため、上り坂でも何とも思わないで平気で走行することができる。

　Eバイクは車体が重いため平地で向かい風が無い場合は、クロスバイクタ

人力自転車では、向かい風や上り坂は大きな敵と言える存在だったが、Eバイクは向かい風や上り坂を平地に変えることができる

イプやロードバイクタイプの人力スポーツ自転車のほうが速い。しかし、E バイクはモーターのアシストがあるため、発進や向かい風、上り坂、重い荷物を積んだ状態といった人力スポーツ自転車では不快に感じる場面でもストレスを感じず走行できる。

また、E バイクのサイクリングでは時間の予測が簡単だ。人力スポーツ自転車だと上り坂や向かい風で速度が大きく変化するため、走行時間の予測が難しいが、E バイクなら上り坂や向かい風でも速度が変化しにくい。そのため、走行時間の予測が簡単なので自動車やオートバイのように到着時刻が予測しやすい。これにより時間を効率よく使うことができるため、移動の自由度が大きく上がる。

人力スポーツ自転車で走行して楽しい部分というのは、荷物を持たない状態での平地や向かい風、下り坂といった僅かな場面しか存在しない。しかし、E バイクの場合、急坂や向かい風、荷物を積載した場面でも快適に走行できるため、楽しい所が大きく広がる。坂道を気にせず進み、途中で立ち止まって、景色を楽しむ事や見知らぬ店に気軽に入ることも可能だ。

人力スポーツ自転車のサイクリングは一種の修行に近い場合があるが、E バイクのサイクリングは、自動車やオートバイのようなドライブ感覚に近く、気軽にサイクリングや山越えを行うことができる。スポーツ自転車を選ぶ際、レースや極限トレーニングといった目的意識がある場合、また、資金に余裕が無いなど、よほどの理由がない限りは E バイクを選ぶのをお勧めする。

■Eバイクはオートバイと何が違う？

- アシストしてくれるから気軽にヒルクライムアタック出来る。

- ツラくない適度な強度で走る事が出来るので食事も美味しい♪

- E-bikeは自転車扱いなのでサイクルトレインを利用出来る

Eバイクはオートバイと比較されることが多いが、Eバイクは自転車の発展形だ。Eバイクとオートバイは別物の乗り物だと考えて購入しよう

　Eバイクを購入する際に気になるのが、オートバイと一体何が違うのかということだろう。オートバイは公道で運転する際は免許を取得する必要があるが、車体価格はEバイクと同じ場合も少なくない。

　Eバイクを購入する際に覚えておきたいのは、オートバイはあくまでもオートバイで、Eバイクは自転車だということだ。

　オートバイとEバイクの違いでわかりやすいのが、オートバイはEバイクのように漕がないで高速で移動することができる事。50CCエンジンを搭載した第一種原動機付自転車の制限速度は時速30キロだが、実際はそれ以上の速度を容易に出すことが可能だ。また、125CCエンジンを搭載した第二種原動機付自転車だと、法定速度は時速60キロまでとなっており、より高速で移動できる。

　一方で、Eバイクは電動アシスト自転車の扱いになるため、日本国内法で

Ｅバイクは、モーターを補助として使用するため、車体が軽く、取り回しが良いという大きな利点を持っている。写真の前後サスペンションを装着したフルサスペンションマウンテンバイクタイプのＥバイク「トレック・レイル9.7」（写真）の車体重量は約23キロと、オートバイよりも軽量だ

は最大アシスト速度は 24 キロまでとなっている。世界的に電動アシスト自転車やＥバイクは、免許やヘルメットが不要な乗り物として扱われているため、最大アシスト速度はオートバイと比較して遅い。これを読んでいる読者は、すべての面においてオートバイのほうが良いと思うかもしれないが、オートバイにも欠点はある。

　例えば、車体重量に関しては、オートバイはエンジンやモーターなど原動機の力だけで走るため、大きくて重い原動機を搭載し、高速走行に耐えるために車体は頑丈で重い。街中でよく見る 50CC エンジンを搭載した原付スクーターでも車体重量は 80 キロ程度と、決して軽くない。

　一方で、Ｅバイクはオートバイよりも遅い速度で走るため、基本骨格であるフレームはオートバイよりも軽量だ。モーターもあくまでも補助として使うため、電動オートバイよりも小型・軽量なモーターを搭載しているため、総合的な車体重量は成人男性なら持ち上げることができる程度の重量だ。参考としてＥバイクの中でも、比較的車体が重いことで知られている、オフロード走行に耐えることができる前後サスペンションを搭載したマウンテンバイクタイプのＥバイクの場合、車体重量は 24 キロ以下のモデルが殆どで、

簡単に車体を引き起こすことができる。

原動機の最大出力も、50CC4サイクルガソリンエンジンを搭載したスクーターの場合は3300Wほどなのに対して、Eバイクは一番パワフルなモーターでも50CCスクーターの6分の1以下という出力を採用している事が多い。

なぜ、Eバイクは原動機付自転車のようにパワーがあるモーターを搭載し、車体重量を重くしないのか。

サイクリングロードはEバイクでも走行することができる。サイクルツーリズムで有名なしまなみ海道（広島・愛媛）や、写真の久比岐自転車道（新潟県）のように、自転車ならではの道を走ることが可能だ

それは、Eバイクは自転車らしい機動性を持たせるために、軽さを重視しているからだ。例えば自動車に載せる場合、オートバイは車体が大きくて重量も重いため、トラックやワンボックスカーなどの一部の自動車しか載せることができないが、Eバイクはオートバイよりも車体が小さくて軽いので、車輪を外すことで、ミニバンやSUVなどの一般的な乗用車に積んで、目的地まで自動車で移動してサイクリングを簡単に楽しむことができる。

Eバイクはオートバイと比較して速度は出ないが、オートバイが走行するのが難しい狭い道や曲がりくねった道、押し歩きを行う必要がある場所を気軽に走ることができるという利点がある。例えば、狭いながら由緒ある町並みや、自動車やオートバイが走行できない山道といった場所は、軽量なEバイクの機動性が役に立つ。また、ぬかるみや雪上などオートバイで走行しようとすると車体が沈んでしまう場所も、Eバイクは車体が軽いため沈み込みにくい。仮にタイヤが埋まってしまって走行できなくなった場合でも、持ち上げて脱出することも難しくない。

さらに、Eバイクは自転車扱いなので、様々な所で恩恵を受けることができる。例えば、Eバイクならオートバイでは走行できない自転車専用道路や、マウンテンバイク用コースなど、自転車でしか楽しめない場所を走行できる。駐輪場所に関しても一般的な駐輪場に加えて、玄関や倉庫、トランクルーム

など、屋外から屋内まで様々な場所に保管することができるため、保管場所にも困らない。

Ｅバイクは、車体が軽いため、雪道を走行しても車体が沈みにくいという利点がある。万が一、車体が沈みこんでも、持ち上げて脱出することができる

万が一の時に備える保険に関しても、オートバイは高額な保険に加入する必要があるが、Ｅバイクは自転車扱いになるため、安価な個人賠償責任保険や自転車保険に加入するだけで良い。盗難等を補償する車両保険に関しても、同じく自転車扱いのため同価格のオートバイと比較して割安な掛け金だけで手厚い補償が受けられる。

走行感覚に関しては、オートバイとＥバイクでは大きく違う。オートバイはスロットルを回して走るため勝手に走行する感覚がある。一方でＥバイクの場合は、モーターはあくまでも補助のため、オートバイに乗っているという感覚は無く、自分で漕ぐ感覚を残した自転車らしさがある。ちなみに、アシスト力に関しては、日本国内法ではＥバイクのアシスト比率は人力に対して最大２倍と定められているが、海外のＥバイクではアシスト比率が３倍以上ある物が存在する。しかし、大手ブランドの海外仕様のＥバイクに乗ると海外仕様のＥバイクでも自転車らしい漕ぐ感覚が残っている。これは、Ｅバイクはオートバイではなく自転車なので、自然にアシストを行う必要があるためだ。もし、オートバイのスロットルのように、少し踏んだだけで唐突に力強くアシストを行うと、急発進を行うため非常に乗りにくいだけでなく、曲がりくねったカーブを曲がる際、綺麗に曲がることができない。そのため、Ｅバイクは漕いでいる脚に追従する漕いだ感覚を重視したアシストが主流となっている。

よく、Ｅバイクはオートバイと比較されるが、実際は、オートバイとは全く違う乗り物だ。Ｅバイクは、ペダル付きオートバイではなく、自転車型パワーアシストスーツの感覚に近いモビリティで、オートバイとは全く違う乗り物として見るべきだろう。

■Eバイクはどのような活用方法がある？

Eバイクはモーターのアシストがあるため、様々な使い方ができる。マウンテンバイクタイプのEバイクなら、オフロードだけでなく街乗りも楽しく走行できる

　Eバイクに乗った事が無い場合、人力自転車などと比較してどのような使い方があるのか気になる人も多いだろう。Eバイクは従来の人力自転車の代替として使うことができるが、一言で人力自転車の代替としての使用できると言っても様々な使い方がある。

　わかりやすいのがサイクリングなどの長距離ライドだ。サイクリングなら、モーターやバッテリーが装着されていない普通のロードバイクやクロスバイクでも可能だと思うだろう。しかし、Eバイクの場合、モーターのアシストにより、従来の人力スポーツ自転車よりも自由度が大きくある。Eバイクは坂道や向かい風でもストレス無く走ることができるため、良い意味で鈍感になり、体力や精神に余裕が生まれるので、人力スポーツ自転車では走るのが辛い坂道なども積極的に走るようになる。

　勿論、Eバイクの利点は街乗りでも効果がある。Eバイクは、自転車で走る時にもっとも負荷のかかる漕ぎ出しの負担を抑え、発進時のストレスが無いため、街乗りでもEバイクはおおいに役に立ってくれる。

　モーターアシストが非常に有効なのが未舗装路走行だ。モーターが無い人力タイプのマウンテンバイクだと、急坂や砂利道が多い山道を走ると体力の消耗が大きくなる。しかし、Eバイクだと、単純に楽に走れるようになるの

モーターのアシストがあるＥバイクは、重い荷物を積んで走行しても苦にならない。また、荷台を装着すれば、長距離サイクリングに対応することができる。他にも、サイクルトレーラーを装着すれば、荷物を運搬する商用仕様にも変身する。良くできたＥバイクは人力スポーツ自転車やオートバイよりも便利で潰しが効く乗り物だ

で走行距離が長くなるだけでなく、通常の人力マウンテンバイクでは走行するのが難しい急な上り坂を上ったり、体力を気にせず安心して走ることができる。Ｅバイクでのサイクリングは従来の人力スポーツ自転車によるサイクリングと比較して、楽に走ることができるだけでなく、行動範囲を大きく広げてくれるだろう。

　Ｅバイクは街乗りからサイクリングまで使うことができるが、通勤、通学、レジャー利用だけではない様々な使い方が注目されている。一番注目されているのが配送だ。海外では、環境意識の高まりや、都市部での自動車走行規制、ラストワンマイル配送での需要などで荷物を沢山運べるＥバイクが注目している。日本でも、街乗り用電動アシスト自転車にリアカーを装着して配送を行う業者があるが、欧州では荷物を運ぶために設計された専用のＥバイクが存在する。このようなＥバイクは、荷物を積載するためのスペースを広く取り、重い荷物を積んでも安定した走行が可能な設計を採用することで、ビジネス用の原動機付自転車より重い荷物を積んで安定して走行することができる。

Eバイクの活用方法の中でも、様々な企業が注目しているのが、配送での活用方法。二酸化炭素を排出せず、小回りが効くEバイクは様々な企業が注目しており、配送専用のカーゴバイクタイプのEバイクを製造する企業も存在する。ストリークアクティブカーゴトライク（写真上）のように、日本でも開発を行っている所が存在する

　日本では見かけないが、アメリカ等の海外では警察が警ら用車両としてEバイクの導入をしている所がある。通常のパトカーではなくEバイクを採用する理由は、混雑している都市部ではパトカーよりもEバイクのほうが小回りが効き、いち早く現場に向かう事ができるためだ。さらに、Eバイクは走行中に大きな音や排気ガスを出さないため、従来のパトカーでは察知しにくい小さな音や匂い、不穏な気配を察知することができるという特徴もある。また、通常のパトカーと比較して車体も小さいため、被疑者に認知されにくい隠密性を持っている。

　さらに、警察だけでなく、海外の一部の軍隊では軍用車としてEバイクに注目している所もある。一例を挙げると、イタリア軍は2021年に、ヴィラバッサにある第6アルプス連隊に、ファンティック製Eバイクを実験導入した。軍隊がEバイクを注目している理由は、登山道や雪の多い環境で

一部の軍隊では、隠密性が高い移動手段としてＥバイクの活用が注目されている。イタリア軍はファンティック製Ｅバイクの実験導入を行い、FAT SPORT（写真上）が正式採用された

走行するため、コンパクトな車体が求められているのに加えて、従来の内燃機関のエンジンを搭載したオートバイと比較して騒音や排気ガスを出さず、隠密性が高い移動手段として注目されているようだ。

　人力自転車以上オートバイ未満の性能を持っているＥバイク。しかし、活用方法に関しては、人力自転車やオートバイ以上だと言えるだろう。

② E バイクを運転する際に覚えておきたい事

E バイクを運転する際、免許は必要ない
基本的な走り方も自転車と変わらないが、E バイク独自の考え方が
存在する
ここでは、E バイクに乗る時に覚えておきたい事をピックアップした
内容を覚えて安全運転で楽しもう

■Eバイクを楽しく走るための乗車姿勢の考え方

　Eバイクにかぎらず、自転車やオートバイ、自動車は適正な乗車姿勢で運転しないと安全で快適に走ることはできない。Eバイクを快適に運転する際は、適正なライディングフォームで走る必要があるが、どのようなライディングフォームが良いのかは簡単に語ることはできない。これは、人それぞれ身長や手足の長さが違い、好みの乗り方が異なるのもある。そして、Eバイクの種類は多種多様で、ジャンルや車種によって適正な乗車姿勢も違う。特にビーチクルーザータイプやオートバイタイプのEバイクは、競技用自転車の感覚で前傾姿勢に設定すると乗りにくくなる。

Eバイクと言っても様々な物があり、ロードバイクやマウンテンバイク、クロスバイク等のスポーツ自転車をEバイクにしたモデルから、ビーチクルーザーをEバイクにしたモデルやオートバイ風のデザインをEバイクにしたモデルまで、様々なEバイクが存在する。特にオートバイ風のEバイクは、サドルの高さ調整ができないモデルが多いため、通常のスポーツ自転車の感覚で乗車姿勢を変更することはできない

　お薦めのライディングポジションは一言で言えるものではないが、快適に乗るための基本的なライディングポジションの考え方というのは存在する。
　1つ目は、快適に漕ぐことができるサドル位置になっていること。自転車はサドルの高さを適正な位置にしないと身体に大きな負担がかかる。通常の人力自転車の場合、サドル位置は漕いでいる時にお尻が左右に揺れるほど高すぎても、膝が大きく曲がるほど低すぎても脚や膝に大きな負担がかかるため、適正なサドル位置にしないといけない。
　Eバイクに関しては、モーターのアシストがあるので、サドル位置が高す

人力スポーツ自転車で乗車姿勢を細かく決めるのが主流だが、それはＥバイクでも同じだ。モーターのアシストがあるため、それほど拘らずとも走ることができるが、長い距離を走る場合は乗車姿勢を考える必要がある

ぎたり低すぎたりしていても、脚や膝に負担はかかりにくい。しかし、漕ぎにくい状態で走ると、適正なサドル位置で走る場合と比較して快適に走ることができないため、力強いアシストを多用してバッテリーの消費が大きくなる。そのため、Ｅバイクでも適正なサドル位置にする必要がある。

　サドル位置に関しては様々な理論があるが、最初は漕いでいる時に脚が一番伸びる下死点で膝に少し余裕がある高さに設定して、高すぎず、低すぎず、長い時間漕いでいて快適な位置を探してみよう。

　また、サドルは高さ位置の調節だけでなく、角度や前後調節も考えておく必要がある。サドルの角度は平行が一般的だが、走行中にサドル前方が痛みやすい場合は少し前下がりに、お尻を安定させたい場合は少し後ろ上がりにすると解消されることがある。また、サドルの前後位置は、後ろに引いた状態にすると、押し出す感覚に近い漕ぎ方を行うためトルク重視になり、逆に前に出した状態にすると、脚をクルクルと高い回転数で漕ぐのに向いている。

　サドル位置に関しては、サドル高さを最初に調整してから、サドルの前後

位置や角度調整を行うのが良いだろう。

　2つ目は、体にゆとりがある乗車姿勢となっていること。よく、写真や動画で見る、ロードバイクなどの競技用自転車で運転している乗車姿勢は、前傾姿勢が大きいためスポーティで魅力的に見えるが、このような乗車姿勢は日頃からトレーニングを行っている人が可能なのもので、競技を行わない人にとってはこのような乗車姿勢で乗るのは辛い。また、閉鎖されたコースではなく、歩行者や自動車がいる公道を走るのなら、前傾姿勢が大きいと頭が下がり気味になり、前方が見えにくくなる。他にも、背中が突っ張っている、肘が伸びていると関節が自由に動かないため、上半身が柔軟に動かなくなる。また、腕で体重を支えるような姿勢もやめた方がいい。腕に振動が伝わるだけでなく、固定されている状況に近いため即座に動かせなくなるからだ。

　体にゆとりがある乗車姿勢は、体をある程度自由に動かすことができる。そのため、楽に快適に走ることができるだけでなく、左右のペダルや前後のホイールなど各部に必要な力を加えたり抜いたりすることができるので、Ｅバイクの能力を最大限に引き出すことができる。

　Ｅバイクは、人力スポーツ自転車のように、乗車姿勢を厳しく考えなくても楽しく走ることができるが、実力を発揮させたいのなら乗車姿勢はこだわることになるだろう。ここでは、簡単な乗車姿勢の考え方を紹介したが、最終的にはサドルの高さや前後位置だけでなく、ハンドルからサドル間の長さ（ステムの長さ）、ハンドルの高さや角度など、様々な所を考えることになるので少しずつ調整を行い、自分好みの乗車姿勢を探してほしい。また、調整を行う際は少しずつ調整しよう。調整を行う際は１センチメートル単位で行うのではなく、多くても２、３ミリメートル単位で少しずつ調節しよう。

■Eバイクを運転する時のブレーキのかけかた

Eバイクの車体にはモーターとバッテリーが装備されているため、人力スポーツ自転車よりも車体が重い。有名ブランドのEバイクはブレーキに油圧ディスクブレーキを装備して、制動力を強化しているが、安易に急ブレーキを行うと転倒する危険がある。ブレーキのかけ方は重要なので覚えておきたい

　Eバイクにかぎらず、自転車やオートバイといった二輪車は、前輪と後輪のブレーキが分けられているが、これは二輪車の特性が関係している。

　走行中にブレーキをかけると、慣性の法則で車体が沈み込むことで、車体や乗員の重量により荷重が前輪に大きく加わる。その一方で、後輪の荷重は減少するため浮き上がろうとする。自動車は二輪車と比べると車体が大きくて重心が低いため、前後荷重による影響は少ないが、前ブレーキに負担が大きくかかるため、ブレーキは前輪側が大きくなっている。

　自転車やEバイク、オートバイといった二輪車は、自動車と比較すると全長は短く、幅が狭いため必然的に重心が高くなる。さらに何十キロもある人間が乗車するため、減速時の荷重移動が大きくなる。そのため、時と場合に応じて前後のブレーキ力を調節を行う必要がある。

　ブレーキの使い方で注意したいのがブレーキの握り方だ。いくらタイヤに

安定感が高いマウンテンバイクタイプやクロスバイクタイプの E バイクの場合は、ブレーキを曖昧にかけても安心感が高い。一方で、タイヤが細いロードバイクや車輪が小さい小径車の場合、車輪がロックしやすい傾向にあるため、注意してブレーキをかける必要がある

かかる荷重が多くなるとグリップ力が増すと言われていても限度がある。ブレーキレバーは思いっきり握ると、車輪の回転を強制的に停めてしまうロックが発生し、スリップしてしまうので危険だ。二輪車のように転倒しない四輪車でも車輪がロックして滑り始めると、ステアリング操作が効かなくなり制御できない状態になる。不安定な二輪車の場合は四輪車よりも危険で、前輪がロックしてしまうと転倒する可能性が極めて高い。ブレーキをかける場合、ブレーキレバーはスイッチのように握るのではなく滑らかにかけるように練習しよう。そして、減速や停止を行う際は、片方のブレーキだけを使用するのは危険だ。前側だけブレーキをかけると前輪がロックして転倒し、後側だけブレーキをかけると後輪がロックして制動距離が伸びてしまう。

　ここで気になるのが前後ブレーキの割合だろう。前ブレーキと後ろブレーキをかける比率に関しては、E バイクの車種や走行速度、道路状況によって違うため一概には言えないが、基本的には後ブレーキよりも前ブレーキのほうが高い比率となっている。舗装路を走る場合、低速走行では前5割の後ろ5割ぐらいでも問題ないが、ある程度速度を出している場合は前6割の後

ろ4割、高速走行の場合は、前7割の後ろ3割でブレーキをかけることもある。基本的に低速走行や減速が小さいほど前輪に極端な荷重がかかりにくいため、後ろブレーキの配分は増える。また、砂利道など滑りやすい未舗装路の場合、路面の摩擦抵抗が低くなるため、舗装路と比較して前輪の制動力が強くなる傾向にある。それでも、ブレーキの比率は最大でも前7割の後ろ3割程度が主流だろう。

　また、サイクリングを行っている際、突然のフルブレーキが求められる状況に遭遇することもある。そのような場面では、左右のブレーキレバーを強く握るだけでなく、胸を低くして腕を思い切り伸ばし、腰を後方に引くことが重要だ。フロントブレーキを強く握るだけでは、後輪が浮き上がる危険があるが、体重の移動により後輪に荷重がかかり、リアブレーキの制動力が効果的に働き、制動距離を短くすることができる。但し、この方法は事前に体で覚える必要があるため、安全な場所で練習しておこう。

　因みに、自動車やオートバイでは、急ブレーキで車輪がロックするのを防ぐアンチロック・ブレーキ・システムが装着されていることがある。アンチロック・ブレーキ・システムは車輪がロックし、スリップが発生しているとシステムが判断した場合、ブレーキ圧を緩めて車輪の回転を再開させ、再度ブレーキ圧をかけてブレーキを効かせる動作を自動で瞬時に繰り返すことで、車輪のロックを防ぐ機構。自動車やオートバイではアンチロック・ブレーキ・システムが標準装備されていることが珍しくない。

　しかし、Eバイクは世界的に見てアンチロック・ブレーキ・システムを搭載しているモデルは少ない。将来的にはEバイクもアンチロック・ブレーキ・システムの搭載が珍しくなくなるかもしれないが、今はテクニックを覚えてロックを防ごう。

海外では、E バイク用ドライブユニットでトップクラスのボッシュ(ドイツ)が、E バイク用 ABS(写真上)を展開している。他にも、E バイク専用の ABS を製造している Blubrake(イタリア)もあり、今後、ABS が普及する可能性は高い

■街中での走り方

Eバイクは、自動車やオートバイよりも小回りが効くため、1人で短距離移動を行うには便利だ

　乗り物を運転する理由は、様々だと思うが、一番の理由は移動を行うためだろう。Eバイクは基本的に自転車とし扱われるため、自動車で走るのが難しい狭い道をスイスイと走ることができるため、街乗りで大いに活用する人も少なくない。しかし、公道は歩行者、自転車、オートバイ、自動車なども使用しており、残念ながら決して安全な場所ではないこともある。そのため、公道を走る際は万が一に対処できるだけの気構えで走行しよう。

　自転車の走る場所に関しては、自転車は車道走行が原則となっている。これは、自転車は法律で軽車両の位置付けで車両の仲間に入るためだ。軽車両とは、原則として原動機を持たない車両で、自転車だけでなく、人力車、リアカーや、馬車や馬そりといったレールを使用せず人や動物の力により、他の車輌を牽引して動く乗り物も対象となる。

　日本国内法では、電動アシスト自転車やEバイクなど、モーターでアシストを行う駆動補助自転車に関しては、モーターにより人力を補助するだけでなく、人力と電動補助の最大比率が時速10キロ以下の場合は人力に対して最大2倍、時速10キロ以上から時速24キロまではアシスト比率が徐々に

Eバイクで移動を行う際は、交通量が多い道ではなく、交通量が少ない道を積極的に選んでみよう。
道幅が狭い都市部は、Eバイクの機動性が活きるだろう

減り時速24キロに達するとアシストが切れるなど、道路交通法で定められた基準を満たすことで自転車として扱われている。

　Eバイクは自転車なので車道の左側を走ることになる。ただ、道路の左端に寄りすぎるのは良くない。これは街中に限らないが、道路の端は波打っているだけでなく、砂が浮いていることがあり滑りやすく、左端に寄りすぎると縁石に接触して転倒することもある。そのため、車道を走行する際は、左端に寄りすぎず程度余裕を持って走行しよう。しかし、現実問題として交通量が多い場所など車道走行を行うには難しいところがあるのが実情だ。そのため法律では、車体の大きさが一定の条件に収まっており、側車を装着していないなどの基準に収まった普通自転車の場合、歩道に「普通自転車歩道通行可」の標識等がある、道路工事などで車道の左側部分を通行するのが困難な場所を通行する場合や、著しく自動車の通行量が多く、かつ車道の幅が狭いなど、追越しをしようとする自動車などの接触事故の危険性がある場合など、普通自転車の通行の安全を確保するためにやむを得ないと認められる場合は歩道走行を行うことが可能だ。ただし、歩道を走行する場合、歩行者優先で、なおかつ徐行で走行する必要がある。

ここで車道や歩道にかぎらず公道を走る上で覚えておきたいのは、基本的には周りを信用してはいけないことだろう。街中を歩けばわかると思うが、ウインカーを出さずにいきなり曲がる自動車や、フラフラと歩く歩行者はよく見るはず。特に自動車は、構造的に運転者から見えない死角が多くあるため、安全運転を行っているように見えていても、気付かないで近づいてくるなどということもある。

　そのためには、できるだけ自動車や歩行者とは、ある程度距離を空けておき、常にブレーキレバーには即座にかけられるように指を一本か二本ほどかけておきたい。慣れてくると、遠目からでも危険な動きをする人や車を見分けることができるはずだ。

　また、危ない人や車だけでなく危ない道路もあることを覚えておきたい。例えば狭い住宅地は、車が少ないため快適に走ることができるかもしれないが、人が飛び出てくる事が少なくないため、決して安全な道ではない。また、交差点は、直進する車、右折、左折する人や車が別々の流れで動くため、通常の道と比較して危険性が高い。交差点では右折車や左折車の速度などに注意しておきたい。

　そして、Eバイクに限らず公道を走行する場合は、急加速、急ハンドルなど他の人から見て予測できない急加速や曲がり方はしないように努めたい。これは、相手のためだけでなく、自分の身を守るためだ。

現実として、日本の道路状況は自転車や歩行者にとっては適していないものが多い。自転車走行レーンがない道路、車道や歩道が狭い道路が数多く存在しているのが実情だ。しかし、世界の潮流は自転車や歩行者を優先する道路整備へと向かっている。

海外では、自転車や歩行者に配慮した道路整備を行っているところが見られる。海外の研究機関の調査では自転車レーンの整備は環境保護だけでなく、沿道事業者の雇用や売上にも良い影響を与える傾向にあると指摘している。日本も自転車や歩行者を優先する道路整備を進めることで、E バイクの利用を促進することが可能となり、それだけでなく、沿道事業者の雇用創出にも繋がるだろう

■雨天や夜間走行での注意点

Eバイクで走る時の大敵が、雨と夜間走行だ。雨天走行も夜間走行もできるだけ行いたくないが、走り方のコツは覚えておこう

　Eバイクに限らず、二輪車などの屋根が無い乗り物を運転する人にとって憂鬱なのが雨天での走行だ。雨が降ると、体が冷えるだけでなく、雨粒で道が見えにくくなるため、晴天時よりも危険性は大きくなる。雨天では走らないのが一番だが、様々な事情があって走らないといけない事もある。

　雨天走行でまず注意したい事は、道路が滑りやすくなっている事だろう。普通の舗装路だけでなく、滑りやすいと言われているペイントやマンホール、工事中の道路にある鉄板などが、雨によってさらに滑りやすくなる。そのため、ブレーキは普段よりゆっくりとかけて、できるだけ急ブレーキを発生させず、車輪をロックさせないようにしよう。また、カーブを曲がる際も車体を寝かせて曲がるような事はせず、車体を立たせた状態で曲がる、滑りやすいマンホールなどはできるだけ惰性で通過して、タイヤを滑らせないような走り方を心がけたい。

　他にも、雨天走行で問題になるのが、雨が目に入る事や、フードを被ることで視界が悪くなる所だ。この問題に関しては、雨が目に入らないようにす

るのがベストだ。基本的に、雨具に装備されているフードを使うのではなく、ヘルメットを被っていない場合は頭に被るレインハットや、ヘルメットを被り、雨が目に入りにくくするために、アイウェアを使用するのが良いだろう。また、最近のヘルメットには、目元に透明の脱着可能なシールドが付いたモデルもある。シールド付きヘルメットは、眼鏡を着用している人にも使用することができるので、ヘルメットを購入する際は購入対象に入れて良いだろう。

　夜間走行の場合に関しては、ヘッドライトを点灯させるだけでなく、周りに把握されるようにテールライトを点灯させ、他者からも見えやすくするために反射板などを装着したい。また、夜間はヘッドライトが当たらない所は非常に見えにくいので、日頃走る道でも速度を落として安全運転しよう。特に、知らない道を走る場合は、ライトが当たらない見えない所は道が無いと思って走るべきだ。特に車道以外の道を走行しているとき、道があると思って走行しているといきなり道が途切れることがあり、うっかりしていると転倒することもある。この時、スピードを出していると危ないため、昼間よりも一層の安全運転でゆっくりと余裕を持って走行しよう。

■コーナリングの注意点

自転車の乗り方自体はE-bikeも変わらないが重いバッテリーとモーターが中央に有る事の影響は出る。

Eバイクは、車体にバッテリーとモーターが搭載されているため、通常の人力スポーツ自転車と比較した場合、カーブを曲がる際に車体が重く感じることがある

　二輪車の楽しみ方の1つとして有名なコーナリング。特にEバイクや自転車は、オートバイと比較して、遅いスピードでも曲がりくねった道をリズム良く走ることができるので、下り坂を楽しく走ることもよくあるだろう。しかし、Eバイクは従来の人力自転車と異なり、モーターとバッテリーが車体に搭載されているので、走行感覚が異なる。そのため、カーブを曲がる際はテクニックを身に付けておくことで、スマートで安全に曲がることができる。

　コーナリングを安全に行う際の第一歩は速度調節だろう。カーブに入る前に、適切な速度に調整することが重要で、進入速度が速すぎるとカーブが曲がりきれなくなり危険だ。また、カーブを曲がっている途中でブレーキをかけるのも良くない。2輪車はカーブを曲がる際、車体を倒して曲がるため、タイヤと道路の接触部分が少なくなり滑りやすくなる。そのため、カーブに入る前に余裕を持って減速を開始し、ブレーキングを行う場合はタイヤが

下り坂のワインディングロードをEバイクで走る際、スピードの出しすぎに注意しよう

ロックしないように長く一定に効かせることが望ましい。

　特にEバイクは、車体が重い上にバッテリーやモーターなどの重い部品が装着されているため、カーブで車体を傾ける際に重さを感じることがある。従来の自転車と同じスピードで無意識に曲がろうとすると、ワンテンポ遅れて車体が倒れる感覚がある物も存在するので、慣れていない間は、余裕を持った速度でカーブに進入しよう。そしてカーブを曲がっている時に漕いでいると、地面にペダルが接触してしまい転倒する危険があるので、脚は止めておくのが良い。また、足の位置に関してもカーブ内側の脚は上げておき、外側の足は下げておいて走行するのがベストだ。その際。外側の脚のペダルに体重をかけると曲がる時も安定する。視線もカーブを曲がる際に重要である。人間は見ている方向に進む傾向があるため、左右によそ見をして運転すると不安定になり危険である。全体の景色を見つつ、できるだけカーブの先を見るようなイメージで視線を向けるのが良いだろう。

　コーナリングは、速度のコントロール、適切な足の位置、そして視線の向け方が重要だ。これらのポイントに注意してカーブを曲がることで、スムーズで安全なコーナリングが実現できる。余裕を持った安全な速度で走行しよう。

■峠道を走る際の注意点

Eバイクの強みは、坂道を苦もなく走ることができることで、坂が多い峠道を快適に走ることができる。狭い峠道は自動車が少ないため、サイクリングしやすいが注意すべき所も存在する

　Eバイクで走るのなら人や車が多い市街地よりも、自然が多く、人や車が少ない所でサイクリングを楽しみたいだろう。実際、このような道のほうが安全にサイクリングを楽しむことができることが多い。また、交通量が少ないだけでなく景色も良い場合が多いため、風景を見ながら楽しむこともできる。ただ、見惚れていて漫然と運転すると、注意力が低下して事故を起こしてしまうので、風景を楽しみたい場合は安全な場所で止まって景色を楽しもう。

　人力スポーツ自転車では坂道が多い峠道を走るのは、体力に自信がある上級者だけしか楽しめないが、Eバイクでは体力に自信がない初心者でも峠道を楽しく走ることができる。しかし、峠道を走る場合は注意すべき所があるので覚えておきたい。

　峠道を走行していると沢山のカーブを曲がることになるが、カーブを曲がる際は、右カーブと左カーブでは曲がる時に注意する部分が異なる。一般的に多くの人が苦手と言われているのが右カーブだ。これは、カーブ進入時に

ガードレールなどが迫るため精神的な圧力がかかってしまうためだと言われており、慣れていないと上手くカーブを曲がれず膨らんでしまい、ガードレールに衝突してしまう可能性もある。

　一方で、左カーブは右カーブと比較して、ガードレールが迫ることが無いため走りやすいと思われている。しかし、実際は右カーブと比較すると斜面など遮る物が多いため見えにくい場合が多い。そのため、何も考えずにカーブを抜けると、前方に自動車が停車している場合や落下物が登場して、回避できずに衝突してしまう事故もある。また、そのような事を行わなくても、左カーブは右カーブよりも走りやすいためオーバースピードで進入し、対向車線にはみ出す危険もある。カーブを曲がる際は、安心して確実に曲がることができる速度で走行しよう。

　峠道を走る際はカーブだけでなく路面状況にも注意したい。峠道の路面は、一般道と比較すると砂が浮いている、舗装が傷んでいるなど路面が荒れている事がよくある。特に、自動車があまり走らない林道だと、大きな石が落ちていたり、舗装に大きな穴が開いていることも珍しくない。さらに林道は自然豊かな所にあるため、季節によっては落ち葉の絨毯で覆われており、一目見ただけでは路面の状態がわからない事もある。

　Eバイクに乗っている人は寒い冬でも走る事もあるが、ここで注意したいのが路面が凍結している可能性が高いこと。わかりやすいのが、道の継目にある鉄板などの滑りやすい所で、濡れているとすぐに路面が凍る。それ以外でも注意したいのが橋だろう。橋は表側だけでなく裏側も風にさらされるため、太陽で暖められていても温度を溜め込む事ができないため路面凍結が発生しやすい。ほかにも、林道を走行している時、いきなり凍結路面に遭遇することがあるだろう。これには、道が山の北側にあるため日照時間が短い、地形の関係で川沿いなどに道が造られているため水蒸気と通り抜ける風によって道が凍結するといった様々な理由がある。もし、凍結路面に遭遇したら、ひとまず速度を落として、車体をあまり傾けないようにしながら通過するのが基本だ。

　自然豊かな峠道は、Eバイクでサイクリングを楽しむには絶好の場所だが、注意する所が多いため、余裕を持って走るように心がけよう。

■砂利道・オフロードなど未舗装路の走り方

E-bikeはパワーを
アシストしてくれる
けどライディング法は
アシストしてくれない
ので走り込んで乗り
こなそう。

日本は舗装路が非常に多いことで知られているが、ちょっと探せば未舗装路を見つけることができる。Eバイクは自転車なので、自動車やオートバイよりも未舗装を走る機会が多いため、未舗装路の基本的な走り方は知っておいて損はない

　日本は道路の舗装率が非常に高く、2020 年の調査では 80 パーセント以上の道 が舗装されている。そのため、砂利道を走る機会は少ないが、自動車があまり走行しない林道や河川敷など、探そうと思えば砂利道を見つけることができる。また、場所によってはマウンテンバイクが楽しめるオフロードコースが整備されている所もある。マウンテンバイクコースやトレイルなど本格的な山道を走る場合は、マウンテンバイクスクールでレッスンを受講するのをオススメする。ここでは、サイクリングでよく見る基本的な砂利道走行を紹介しよう。

　もし、運転するEバイクが、ロードバイクタイプやクロスバイクタイプ

未舗装路を快適に走るのなら、最低でも太めのタイヤを装着しておきたい。細いタイヤの場合、滑りやすいだけでなく、パンクの可能性が大きくなるため、未舗装路の走行は控えておこう

のEバイクなど舗装路の走行を重視したEバイクなら、基本的には未舗装路走行は向かないと思っていい。これらのEバイクは、マウンテンバイクタイプのEバイクのように、ジャンプなどを想定していない強度の車体、荒れた地面でも確実にグリップするための太いブロックタイヤや、段差の衝撃を吸収するサスペンションなどの部品を搭載していないため、ジャンプを行うような本格的なオフロード走行は想定していない。このようなEバイクで未舗装路を走る場合、侵入する前に十分に速度を落として進入して、タイヤに砂利が取られてしまうのを抑えるためにゆっくりとした速度で走行しよう。それでも安全に運転することができないと判断したら、無理せずに降りて押す、もしくは引き返して別の道を走行することも考えておきたい。

　また、未舗装路を走行する際は、事前にタイヤに空気が十分入っているか見ておこう。タイヤが細いEバイクの場合、空気圧を下げた状態で走行すると、チューブがタイヤとリムに挟まれやすくなるためリム打ちパンクが発生しやすい。そのため、未舗装路を走行する時は、ある程度空気圧を高めにしておき、リム打ちパンクを防ぐのが基本だ。

マウンテンバイクタイプのEバイクは、数あるEバイクの中でもオフロード走行に長けている。但し、どんなオフロードでも走破できるわけではない。過信するとふとしたことで転倒することがあるので注意しよう

　一方で、オフロード走行を念頭に置いたマウンテンバイクタイプのEバイクは、タイヤが太いため空気圧を多少下げた状態で走行しても、リム打ちパンクが発生しにくい。そのため、乗り心地やグリップ力を上げるために、ある程度空気圧を下げる事ができる。

　未舗装路を走行する際、ギアの選択に関して注意したいのが、後輪に大きな力がかかる重いギアで走ると、タイヤに大きな力が加わるためスリップしやすくなり転倒することもある。このような場合、軽いギアに入れて小さな力で走ることで、できるだけ後輪を滑らせないように走行するのが一般的だ。

　また、Eバイク特有の方法としては、あえて一番強いアシストモードに設定し、少し足の力を抜いた状態で漕ぐと、楽に走れるだけでなく発進時に大きなトルクが瞬時にかからないため滑りにくいという走り方がある。Eバイクで未舗装路を走る際は漕ぎ方だけでなく、アシストの特徴を把握して走れば、従来の人力スポーツ自転車よりも楽に、そして速いスピードでタイヤを滑らせずに走ることができるだろう。

　未舗装路を走る際は、舗装路を走行している時と同じ感覚でサドルにドッ

カリと座った状態で漕ぐと体が上下に跳ねて、ハンドルに寄りかかった状態で走行していると、前輪が滑った時に対処することができなくなってしまう。砂利道を走る時は、サドルに体重をあまりかけず、少し尻を浮かすようなイメージで漕ぎ、腰は少し引き気味にして、ハンドルに荷重をかけずに走れば、体はポンポンと浮かず、前輪が滑り気味になった場合でも対処しやすい。これは、車体前後にサスペンションを装着したMTBタイプのEバイクでも同じで、未舗装路の走行を想定していないEバイクなら、なおさら意識して走る必要があるだろう。膝や肘に関しては軽く曲げた状態にしておくと、路面の振動をいなすことができる。特に下り坂などペダリングを行わなくて良い所では、積極的にペダルを前後水平にした状態にしておけば、路面のデコボコの衝撃を膝で吸収することが可能だ。

　そして、走る時は乗車姿勢だけでなく路面にも注意したい。未舗装路の路面は舗装路よりも荒れており、尖った砂利でタイヤサイドを傷つけてパンクしてしまう事や、大きな穴にタイヤが嵌まり、転倒してしまう事もある。そのため、走行している時は、できるだけ砂利が浮いている路面を避けて滑りにくい所を走るようにしよう。

■Eバイクの変速機の使い方と漕ぎ方

変速機とは、走行している時に道路条件に合わせて動力を増減させるための部品で、Eバイクだけでなく自動車やオートバイにも搭載されている。現代の多くの自動車は自動で変速を行うため、アクセルを踏むだけで快適に走ることができるが、Eバイクは自動変速を採用しているものは珍しく、手動で行うのが主流だ。

モーターのアシストが無い人力自転車は、効率よく走るために積極的に変速を行う必要があるが、アシストがあるEバイクは、モーターの力を使って大ざっぱに変速しても走行できる。

但し、大ざっぱに変速すると、バッテリーの消費が大きくなるため、バッテリーの消費を抑えて効率よく快適に走るには積極的に変速機を活用したい。

Eバイクの変速機の主流は、外装変速機と内装変速機の2種類。外装変速機とは変速装置が外部に露出しているタイプの変速機で、軽量で変速段数を増やしやすく、効率が高いという利点がある。その一方で汚れがつきやすく、頻繁にメンテナンス行う必要があることも覚えておきたい。外装変速機を搭載した車種は、主にロードバイクタイプやクロスバイクタイプ、マウンテンバイクタイプといった趣味性を重視したEバイクに装着されている事が多い。

外装変速機は、変速機と多段歯車が外部に露出している。スポーツ自転車では主流のタイプだが、変速機に衝撃が加わりやすく、変形や破損しやすいという欠点がある

内装変速機は、変速機が内部にあるため、外からは見えないのが特徴。変速機に衝撃が加わらない利点はあるが、変速段数を増やすことが難しいという欠点がある

　一方で、内装変速機は変速装置が後輪の車軸内部に収まっているため、汚れがつきにくい。また、メンテナンスの回数が少なくても動作不良が発生しにくく、構造的に停車中でも変速できるという利点がある。しかし、重量が重く、変速段数が少ないため、Eバイクでは街乗りや実用性を重視した車種に装着される傾向にある。

　変速を行う時に覚えておきたいのが、変速を行う際の漕ぎ方だ。まず、外装変速機の場合は漕いでいる時に

人力スポーツ自転車やEバイクに数多く採用されている外装変速機。力を伝えるチェーンは、細いため、安易に変速を行うと、チェーンが一気に消耗するだけでなく、チェーンが切れてしまい、走行不能になることもある。変速を行う場合は、無理やり変速するのではなく、丁寧に変速させるよう心がけよう

変速する必要がある。これは、変速機を操作してチェーンが歯車から別の歯車にスライドしてギアが変わるため、漕いでいないとチェーンが移動しないためだ。鉄道で表すと、チェーンが電車、歯車が線路、変速機が別の線路に進路を変えるポイントだと思えばわかりやすい。いくらポイントを切り替えても、電車が動かないと別の線路に移動することができない。また、変速を行う際は、ペダルに強い力が加わっているときに変速を行うと、大きな力が駆動部分にかかるため痛みやすくなる。特に、車体の中心部にモーターを装着したミッドドライブタイプのEバイクの場合、チェーンには脚力とモーターの力が同時にかかるため、荒い使い方を行うとチェーンを踏み切ることがある。漕いでいる時の力加減がわからない場合、脚を軽く回す感覚で変速してみよう。

　内装変速機の変速方法は外装変速機とは逆で、漕がない状態で変速するのが一般的だ。これは、内装変速機の内部にある遊星歯車の噛み合わせを変えることで変速を行っているため、漕いだまま変速を行うと噛み合わせが上手くいかず、変速できない場合があるからだ。また、仮に漕いだままで変速できたとしてもギアに強い負荷が加わってしまい、場合によっては変速機が壊れてしまう事もある。そのため、内装変速機で変速を行う際は、漕がない状

Eバイクに搭載されているモーターはあくまでも補助。そのため、上り坂でもモーターのアシストに頼り重いギアで無理やり走るのではなく、早めに軽いギアに入れて走行しよう

態にして、動力を一旦切るイメージで変速機に大きな負荷をかけずに変速しよう。

　たかが変速だと思うかもしれないが、Eバイクに使われているモーターは、人間の脚力に近い出力とトルクが発生する物もある。適当に変速して大きな負荷をかけ続けると、新車でも早々と壊れることもあるので面倒だと思わずに実施したい。

　モーターアシストが無い人力自転車の場合、漕ぎ出しの時は軽いギアに入れ、速度が出てきたら徐々に重いギアに変えるのが一般的だ。また、坂道を走る場合、早めに軽いギアを選択して失速しないようにするだろう。

　このような変速操作はEバイクでも変わらない。Eバイクはモーターのアシストがあるが、どんなに重いギアを入れても楽々と走るわけではない。これは、モーターのパワーとトルクには限界があるのと、モーターの特性で、ある程度軽快に脚で漕いだ時に、高い出力が出る設計となっているためだ。

　モーターのアシストに頼り、無理に重いギアを入れて走るのではなく、脚を回す速度を速すぎず、遅すぎず、丁度いい感覚で漕いでいる状態で適切なギアを入れて走るのが重要だ。

　ここではざっと変速の基本を紹介したが、適切なギアがわからない人もい

るだろう。適切なギアは、エンジンでもある乗り手の筋力や E バイクの性能によって異なる。そのため、適切なギアを探すには実際に運転して確かめるのが一番だ。適切なギアを探す際は、まずは普段通りの感覚で走った時の感覚を確かめてみよう。次に普段の走り方よりも、多少軽いギアや重いギアに入れて走行して、どのようにアシストの感覚などが変わるのか確認すると良いだろう。

　他にも、変速だけでなく、ペダルを漕ぐ力やちょうど良い漕ぐ速さがあるのか探してみたい。E バイクは同じアシストモードを使用していても、漕いでいるときの足の回転数や、踏力の強弱によって、アシスト力が変化することがある。日常的に E バイクを運転して様々なギアの使い方を行い、自分にとって一番良い乗り方を探してみよう。

■モーターアシストの活用方法は？

E バイクのアシストは車種によって特性が異なる。E バイクに慣れてきたら、どうやってアシストを活用するのか考えて乗ってみよう

　E バイクが人力スポーツ自転車と大きく違うところが、モーターのアシストがあることだろう。E バイクは、単純に漕いでいるだけでも楽しく走ることができるが、性能を引き出すにはアシストの特性を覚えて、どのように駆使するかが重要となる。

　一例を挙げるとすれば、バッテリーの消費を抑える走り方だろう。E バイクのバッテリーの消費を押さえて走るには、弱いアシストを使用するのが一般的だが、他にも、力強いアシストで発進して、時速20キロ以上と比較的速い速度で走ることでバッテリーの消費を抑える方法がある。

　速い速度で走行してバッテリーの消費を抑えることができるのは、日本の法律が関係している。日本の法律では、モーターのアシスト比率は、時速

Eバイクのアシストは強弱をうまく使うことで、航続距離を大きく伸ばすことができる。Eバイクを購入したらたくさん乗って、アシストモードを上手く活用しよう

10キロまではアシスト比率が最大2倍で、時速10キロ以降からアシスト比率が徐々に下がり、時速24キロになるとアシスト比率が0になるように定められている。そのため、ある程度速度を出して走行している時はアシストが弱いが、バッテリーの消耗を抑えられるため、カタログ値よりも長い距離を走ることができる。

　逆に、楽に走りたい場合は、力強いアシストモードに設定して、アシスト比率が大きい低速で走行すれば、アシスト力が強くなる傾向にあるため、モーターの力に頼りながら楽に走ることが可能だ。その一方で、バッテリーの消費が大きくなるため、航続距離は短くなる。このように、アシストの特性を覚えておけば、体の負荷を少なくして楽に走るだけでなく、より長い距離を走ることもできる。

　他にも、楽に走るためだけでは無いモーターアシストの使い方も覚えておきたい。人力スポーツ自転車で走行している場合、道路の勾配や気象条件によって体にかかる負荷が変化し、特に坂道を走行している時は体に大きな負荷がかかる。しかし、Eバイクの場合、アシストの強さを変化させることで、

砂利道の上り坂など、滑りやすい場所を走る際はアシストモードと脚の踏み込み具合を考えて走行しよう

　向かい風や坂道等の変化に関係なく、体にかかる負荷を一定に保つことができる。特に効果的なのが冬のサイクリングで、坂道など体の負荷が大きくかかる場所では、あえて力強いアシストを使うことで、汗だくになる状況を発生しにくくすることができるため、汗冷えによる体温低下を抑えることが可能だ。逆に、アシストを弱くして走れば、バッテリーの消耗を抑えるだけでなく、積極的に体に負荷をかけることもできる。

　Eバイクを運転している時の体にかかる負荷は、運転している人が調整することができる。これを上手く活用すれば、平地や緩い下り坂、向かい風など、体に負荷が少ない場所では弱いアシストで走行してバッテリーの消耗を抑え、坂道や向かい風ではアシスト力を強くして、体力の消耗を抑えて走るといった使い方もできるため、アシストを上手く活用する方法は覚えておいて損はないだろう。

　砂利道などの未舗装路を走行する際、注意しておきたいのはアシスト力が強すぎて、後輪が滑ってしまう事があるということ。Eバイクに慣れていない場合や初めて未舗装路を走る場合、安全な場所でアシスト力の感覚を掴ん

でおき、どのようなアシストを使用すれば良いか、どのくらいの踏力で漕げばいいかを判断してから、本格的に走りたい。また、一部のEバイクには、踏力に応じて最適なアシスト力を行うことで、未舗装路でも後輪がスリップしにくくするアシストを行う車種もある。

そして、未舗装路に慣れてきたら、ある程度アシスト力を強くして、ペダルを踏み込む力を調整しながら走ることに挑戦しよう。比較的滑りやすい道では、ペダルを踏み込む力や漕ぎ方を繊細にして、アシストを上手く制御すれば、後輪を滑らせないようにしつつ力強く上ることができる事もある。因みに、このような事ができるのは、Eバイクの中でも、パワフルで応答性が高いモーターを搭載した一部のEバイクだけだが、上手く使いこなせば足裏とモーターのアシストが完全にシンクロする感覚で走ることができるだろう。

モーターのアシストは、様々なメーカーが工夫を凝らしてチューニングを行っている。そのため、使い方を簡単に語ることはできないので、実際に乗り込んで試してほしい。

③Eバイクで旅をしよう

Eバイクの運転に慣れたら、Eバイクの旅を考えてみよう
自動車やオートバイと比較すると、Eバイクはスピードが遅く、走行
距離も短い
しかし、Eバイクには自動車やオートバイには無い旅がある
ここでは、Eバイクの旅の楽しみ方を紹介する

■Ｅバイクに慣れたら遠くへ行ってみよう

Ｅバイクの旅は、自動車やオートバイの旅と比較するとスピードは遅く、走行距離は短い。
しかし、Ｅバイクでしか楽しめない旅も存在する

　Ｅバイクを購入して走るのに慣れたら、旅を楽しんでみよう。Ｅバイクなら通常の人力スポーツ自転車では不快な向かい風が吹いていたり、長い坂道が続いても、誰でも気軽に走ることができる。

　オートバイや自動車と比較すると、Ｅバイクは何百キロと長い距離を走るのには不向きだが、鉄道や飛行機といった公共交通機関や自動車やオートバイなどの原動機が付いた乗り物を使った旅行には無い楽しみ方がある。それは、自転車や徒歩でしか見ることができない場所を気軽に訪れることができることだ。

　例えば、世界有数のサイクリングコースで有名な"しまなみ海道"は、自転車なら気軽に橋を渡り、島内を楽しむことができる。また、しまなみ海道以外でも、乗鞍スカイラインなど自動車やオートバイの走行ができない場所や、軽自動車すら走行するのをためらう狭い峠もＥバイクなら気軽に訪れる事が可能だ。

Eバイクで長距離サイクリングを行う場合は、使用するEバイクの特性を把握しておこう。特に、周りに民家が無い場所を走る場合、電池切れで立ち往生する可能性があるため、ルート設定は念を入れておきたい

　Eバイクは、オートバイや自動車よりもスピードが出ず、後続距離も短いが、自動車やオートバイでは見られない場所も気軽に訪れることができる。

　Eバイクで長距離サイクリングを楽しむ場合、敢えて自動車やオートバイよりもゆったりとしたスピードで、サイクリングを楽しむプランを考えておきたい。

　Eバイクで長距離サイクリングを行う際は、ある程度計画を立ててサイクリングを実施しよう。計画を立てないでサイクリングを行うと、時間が余分にかかるだけでなく、電池切れで立ち往生することもあるからだ。そのため、長距離サイクリングを行う場合は、事前に所要時間や距離を算出しておくだけでなく、使用するEバイクがどのくらいの距離を走ることができるの掴んでおこう。

■ E バイクサイクリングでのルートの作り方は？

旅を行う際に重要なのが、どのようなコースを選ぶかということだろう。E バイクは、バッテリーの容量などで航続距離が左右されるため、コース選びには注意したい

　E バイクで長距離サイクリングを行う際、最初に決めておきたいのが目的地だ。身近な場所を走る場合は、目的地を決めずに気のゆくままに走るのも悪くないが、今まで訪れたことが無い見知らぬ場所を走るのなら、目標となる目的地は考えておくのが良いだろう。

　E バイクのサイクリングが通常の人力スポーツ自転車と違うのが、モーターのアシストがあるため、坂道や向かい風があっても安心して走ることができることだ。従来の人力スポーツ自転車なら、ここに行ってみたいと思う場所があっても、途中に坂道があるため訪れないということが少なくないが、E バイクなら坂道があってもアシストで楽々と上ることができるので、躊躇せず気になる場所を訪れることができる。

　目的地を探すには様々な方法があるが、初心者ならサイクリングルートから探してみるのが良いだろう。サイクリングルートは自転車での走行を念頭においているので E バイクでも走りやすい道が多い。但し、河川敷のサイ

E バイクの航続距離は道の状況によって変化する。平地を走行している場合は、バッテリーの消費は非常に少ない。一方で、坂道などモーターの力を多用する場合は、バッテリーの消費が多くなるため、航続距離は短くなる

クリングロードなど、平坦路が多い場所は E バイクよりもロードバイクやクロスバイクのほうが、速度が出るため、やや退屈に感じることもあるだろう。また、近年はサイクルツーリズムが注目されているので、観光協会やウェブサイト等でその地域特有のサイクリングルートを見つける事も容易い。このようなサイクリングルートは、坂道が多い場所を上級者向けとして紹介しているのもあるが、E バイクならモーターのアシストがあるので、気軽に挑戦できる。他にも、E バイクに慣れている中級者なら、オートバイ向けのツーリングコースをチェックするのも面白いだろう。E バイクは自転車なので、自動車・オートバイ専用道路を走ることはできないが、オートバイ向けのツーリング用地図には、あまり車が走らない峠道や観光スポットを紹介している場合がある。このような道は、人力スポーツ自転車だと苦痛に感じるが、E バイクなら走っていて面白いという道を見つけることができることもある。

　目的地を決めたら、走行する道を考えてみよう。E バイクのサイクリングなら、自動車や人が少ない裏通りや坂道が多く景色が良い峠道を選ぶ人も少

Eバイクサイクリングで航続距離を長くするのなら、平地を中心に走行しよう。平地なら弱いアシストでも走行できるため、電池切れしにくくなる

なくないと思うが、ここで注意したいのが、使用するEバイクがどれだけの距離を走れるのかということ。

　Eバイクは、バッテリーの容量によって走行できる距離が限られている。多くのEバイクのカタログには一充電あたりの航続距離が書いてあり、車種によっては一番弱いアシストを使用すれば、最大航続距離が200キロも走行できると謳うモデルが数多く存在する。しかし、実際に乗ってみると、アシスト力が弱いため上り坂を走るのが辛い場合や、平地でもアシストが弱いため使う場面が少ないことがあるため、あくまでも参考値として留めておきたい。

　日本のEバイクは、法律の関係でアシスト比率が決められており、時速10キロまでは踏力に対して最大2倍のアシストを行うことができ、そこからアシスト比率が次第に減少し、時速24キロでアシストが切れる必要がある。そのため、平地を時速20キロ以上で走ると、アシスト力が弱くなり、電池の消費は抑えられるため、カタログに書いてある値よりも長い距離を走ることができる。

E バイクサイクリングで注意したいのは、長い坂道がある峠道。坂道はモーターのアシストで楽々と走ることができるが、電池の消費が大きくなるため、電池切れに注意しよう

　逆に、未舗装路や長い上り坂を走行する場合、平地で走行する場合と比較してバッテリーの消費が大きくなる。これは、平地を走る場合と比較して、常にモーターのアシストを使用しているためだ。実際、カタログに記載されている航続距離が 80 キロ近く走れると謳っていても、勾配 7 パーセント（斜度 4 度）の坂道を時速 10 キロで走行すると、航続距離が 20 キロ程度になることもある。

　そのため、走行ルートを決める際は距離だけでなく、ルートの途中にどのくらい坂道があるのか確認したい。街中にあるような短い坂に関しては問題ないが、問題は峠道だ。峠道は斜度が急なだけでなく、何キロも走ることになるため電池の消費が大きくなるため、坂道は何キロあるのか、どのくらいの標高を上るのかを把握しておこう。これはあくまでも参考だが、筆者の場合は地図に峠と書いてある所や、おおよそ平均斜度が 5 パーセント（斜度 2.9 度）以上で、なおかつ走行距離が 4 キロメートル以上という条件が揃った場合、その道路はバッテリーの消費が大きくなる峠として認識している。今は、スマートフォンの地図アプリや様々なウェブサービスで、走行する道の斜度

Eバイクサイクリングを行う際、1日どれだけの時間を走るのか考えておこう。実際のサイクリングでは、走行時間だけでなく休憩時間などを考える必要があるため、注意が必要だ

や獲得標高を確認することができるので、サイクリングルートを作る際は、これらのサービスを駆使してルートを作成しよう。もし、使用するEバイクのバッテリー容量が少ない場合は、峠道の走行を避けることも考えよう。

Eバイクに慣れてくると、坂道を走行している時にどのくらい電池が消費されるのかを大まかに予測できるが、初心者の時は実際の航続距離を正確に知ることは難しい。そのため、Eバイクを購入したら、いきなり長距離を走るのではなく、最初は簡単に引き返すことができる身近な場所を走行して、どれだけ電池を消耗するのか試しておこう。特に、峠道などの長い坂道で、どれほどの電池が消費するのかは見ておきたい。それでもわからない場合は、ひとまずカタログ値の7掛けから8掛けを目安にしたり、峠などの長い坂道を走らないコースを考えよう。

サイクリングルートが決まったら、1日でどこまで走れるのを考える必要がある。1日の走行距離の算出は、単純に平均の走行速度×時間で計算するだけでは難しい。例えば、平地で人がいないサイクリングロードなら時速22キロで走行することができたとしても、人が多い市街地や上り坂だと時

速13キロ程度でしか走行できないことも珍しくない。1時間あたりの走行距離に関しては、経験が少ない初心者なら、平均速度は10キロから15キロを想定してみたらいいだろう。

そして、走行時間に関しても考えておきたい。Eバイクは人力スポーツ自転車と比較して長い時間走ることができるため、長距離サイクリングの計画を立てる際は、早朝から深夜まで非常に長い時間を走る計画を立てる人もいるだろう。しかし、このような計画は、観光地にも訪れず延々と走るだけになる。一般的に走行時間を考える場合は、朝から夕方までの8時間から9時間の行動時間から、定期的に発生する休憩や食事、観光場所を巡る時間も考えておきたい。場合によっては、万が一パンクしたときのアクシデントに対応できる時間として30分程度の余裕は欲しい。

このように考えると、Eバイクで1日走るのなら、実際に走行する時間は5時間から6時間ぐらいが目安になるだろう。実際には、これよりも長い距離を走ることができるが、頑張って運転する必要があるため、一般的な楽しみ方から外れるだろう。

■自動車や公共交通機関の活用を考えよう

•レンタカー+自転車

•サイクルトレイン

•自転車は宅配で現地に送り自分は身軽に移動

Eバイクでサイクリングの計画を立てる際は、Eバイクだけの移動を考えるだけでなく、自動車や公共交通機関などを活用することを考えておこう

　Eバイクで長距離サイクリングを計画する際、余裕を持った予定を立てると行動範囲が狭くなるという問題がある。Eバイクは自動車やオートバイと比較して走行速度や距離が短く、仮に長い距離を1日で走ると途中の寄り道などを行う時間を削るしかない。もっと、様々な場所を訪れたいと思うようになると走行時間を長く取るようになるが、よほどの目的がないと移動のみで終わるため、楽しくないサイクリングとなる。

　Eバイクのサイクリングで、気持ちよくサイクリングを楽しみつつ、時間を有効活用するのなら、長い距離を効率よく走るという考えをやめて、走りたい場所に絞り、時間を有効に活用するという方法を考えてみよう。

　自動車やオートバイの旅行なら、バイパス道路や高速道路を活用すること

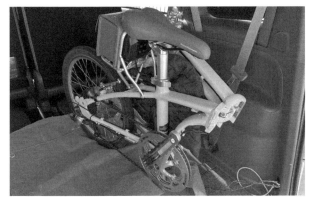

Eバイクの中には、車体を折りたたむことができる折りたたみ自転車タイプがある。折りたたんだ状態だと車体が小さくなるため、カーサイクリングを中心に楽しむ人にオススメだ

で、目的地まで効率よく移動するという方法がある。しかし、Eバイクは自転車なので、このような走り方はできない。その一方で、他の交通機関や輸送サービスと組み合わせれば、お気に入りの場所を気軽にサイクリングすることが可能だ。

　一番わかりやすいのが自動車に自転車を載せて目的地まで移動してサイクリングを楽しむカーサイクリングだろう。オートバイだと、かつてレジャーバイクと呼ばれていた自動車に載せることができる小型の原動機付自転車でも、車体重量は 60 キロ以上あるので自動車に載せるのは一苦労だ。しかし、Eバイクはマウンテンバイクタイプといった車体が重いモデルでも重量はおよそ 25 キロとレジャーバイクの半分以下と軽量だ。また、Eバイクは、前輪、もしくは前輪と後輪の両方を簡単に外すことができるモデルや、車体を小さく折り畳める折りたたみ自転車タイプのEバイクがあるので、様々な自動車に載せることができる。ただし、Eバイクを気軽に載せることができる車はミニバンや大型の SUV、ワンボックスカーが主流だ。これらの自動車は、価格が高価で車体が大きいという欠点がある。もし、所有している自動車が、Eバイクの積載に対応していない場合は、レンタカーの活用も考えておこう。

　カーサイクリングの欠点は、自動車を駐車した場所を拠点にする必要があ

E バイクサイクリングでは、自転車を気軽に載せることができる公共交通機関を積極的に活用しよう。特にフェリーや大型客船は、自動車やオートバイよりも割安の自転車料金で載せることができるため、離島旅行での移動手段で使うのも良いだろう

るため、コース作りに制限があることだろう。そこで考えるのが、公共交通機関の活用だ。自転車と公共交通機関を活用する方法で有名なのが、自転車の車輪を外すなど分解や折りたたみを行い、専用の袋に入れて、手回り品として鉄道や船、飛行機に持ち込むこんでサイクリングを楽しむ輪行だ。モーターやバッテリーが無い人力スポーツ自転車では、輪行はポピュラーな楽しみ方として知られているが、E バイクに関しては輪行は主流ではない。これは、E バイクはモーターやバッテリーが搭載されているため車体が重く、輪行で持ち運びを行うのが非常に難しいためだ。参考として、一般的なクロスバイクタイプの E バイクの車体重量は 20 キロほどと重く、E バイクを担いで移動するのは実質的に不可能だ。仮に E バイクで輪行を行うのなら、一部の企業が販売している軽量 E バイクを選ぶしかない。

　また、飛行機での E バイク輪行を行う際は、バッテリー容量を確認しよう。多くの飛行機では安全の観点から大容量のバッテリーを持ち込むことができないため、E バイクの飛行機輪行を断る可能性が非常に高い。

　Eバイクのサイクリングで公共交通機関を使う場合は、Eバイクを分解しないサービスを使うのが良い。このようなサービスで有名なのが、自転車をそのままの状態で電車内に載せることができるサイクルトレインで、まさにEバイク向けのサービスと言える。ただし、サイクルトレインは実施している所が少なく、乗車できる駅や時間に制限がある場合が多いので事前に確認しよう。

　時間はかかるが、楽に遠い場所に行く方法が船だ。船は橋が無い離島に行く場合は必然的に使う移動手段でもあるが、長距離フェリーや大型客船なら夜行列車の代わりにもなる。長距離フェリーと言えば大部屋での雑魚寝を連想する人を思い浮かべると思うが、現代の長距離フェリーは、カプセルホテルのように区切られた就寝スペースが用意されているものも少なくない。また、船によってはレストランや大浴場、映画館などの施設を備えている所もあるため、宿泊と移動を両立させるために利用する人もいる。スピードは遅いが、ゆったりと楽しみたいのなら長距離フェリーを選択肢に入れても良いだろう。

　ここまで、様々なEバイクの長距離移動を省略する方法を紹介してきたが、ともかく目的地まで自動車や公共交通機関と一緒にEバイクを載せて移動するのは面倒だと思う人もいるだろう。そんな人は自転車輸送サービスの活用を考えよう。運送会社によっては、自転車輸送サービスを行っている所がある。もし、車輪を外して梱包することができるのなら、自転車を箱に入れて送る自転車輸送サービスを使用すれば、比較的割安な価格でEバイクを送ることができる。また、Eバイクの車輪を外したくない場合や、箱に入れるのが面倒な場合は、料金は高価だが家財宅配便を使う方法がある。このサービスは主に引越し業者が提供しているサービスで、決して安くはないが梱包が不要なのが特徴で、オートバイを輸送する場合と比較すると低価格でEバイクの配送を行ってくれる。

　Eバイクは、自動車やオートバイと比較すると一日で走行できる距離が少ないが、カーサイクリング、サイクルトレイン、船舶、配送サービスといった様々な交通機関や輸送サービスを駆使すれば、遠く離れた場所でサイクリングを楽しむことが可能だ。

■ E バイクサイクリングの宿泊プランや予算は？

E バイクで 2 日以上のサイクリングを楽しむ場合、宿泊場所や予算を考える必要がある

　2 日以上のサイクリングを楽しむのなら、夜間はできるだけ走行せずどこかで睡眠を取ることを考えないといけない。一番気軽なのが野宿で、自転車やオートバイで旅行する人は野宿を行う人も少なくないだろう。実際、道の駅にあるベンチや、田舎でよく見かける小屋のようなバス停など野宿できる場所は比較的見つけることができる。しかし、野宿は場所や状況によって禁止されている場所があり、野犬や不審者などの不安もある。季節も春や夏ならある程度服装を気にせず野宿することができるが、気温が低い秋や冬だと防寒対策を考えないと大変なことになる。そして、E バイクは充電を行う必要があるため、野宿だと充電することができない。

　E バイクサイクリングで宿泊を行う際、確実なのが、ホテルや民宿、ペンションといった宿泊施設を使用することだ。今はスマートフォン 1 つでウェブサイトから簡単に予約することができ、その気になれば当日予約を行うことができる。ただし、観光客が少ない地域だと予約するのが難しい場合や、当日や宿泊予定日前日になるとインターネット予約を終了する場合もあるた

E バイクで 2 日以上のサイクリングを楽しむ場合、充電方法を考える必要がある。充電を行う方法は様々だが、基本的には宿泊場所で充電を行うのが一般的だ。野宿や電源が無い場所でのキャンプは充電できないため、充電方法を考える必要がある。また、一部の E バイクで見かけるバッテリーが脱着できないモデルの場合、充電場所が限られるため注意が必要だ

め、宿泊施設は事前に予約しておくのが確実だ。また、インターネット予約以外では、町にある観光案内所を訪れて予約を行う方法もある。インターネット予約が主流の現在でも、観光案内所での予約は有効だが、夕暮れなど遅い時間になると閉まっていることもあるので要注意だ。

　ホテルや民宿、ペンションに泊まるのは少し料金が高いと思う場合は、ユースホステルやゲストハウス、ライダーハウス等がお勧めだ。これらの宿泊施設は、相部屋を採用しているので比較的安価に泊まることができ、場所によっては旅行者と気軽に話すことができる事もあるため、一人旅ならこちらのほうが面白いかもしれない。ゲストハウスもユースホステルなども無く、困った場合は24時間営業のスーパー銭湯や健康ランドを考えてみよう。スーパー銭湯や健康ランドは、仮眠部屋があり眠ることができるだけでなく、お風呂の種類が豊富で、漫画の読み放題や大衆演劇を観ることができる所もある。

　旅として見ると味気ないが、宿泊施設が無い場合の最終避難先で選ぶの

現代は様々な場所にコンビニがあるため、サイクリングでもキャッシュレス化や食料をギリギリまで減らして、余分を無くす傾向にある。しかし、コンビニが無い場所というのは少なくない。長距離サイクリングを行う場合は、多少でも良いので現金や飲料水、行動食は持っていったほうが安心だ

ならネットカフェだろう。ほとんどのネットカフェは壁で仕切られており、ジュースは飲み放題でパソコンを使うことも可能だ。

　テントやシュラフを持っていくのなら、基本的にはキャンプ場を使うことになるだろう。キャンプはホテルやゲストハウスと比較すると、テントの設営など面倒な部分があり、場所によっては設営場所に電源が無いこともあるので、管理棟からコンセントを借りてEバイクを充電する必要がある。しかし、自然の中で星空を見ながら泊まることができ、宿泊できる場所が増えるので行動範囲を広げることができるから、キャンプを選択肢に入れるのは悪くないだろう。

　もちろん、Eバイクでサイクリングを行う時、お金は必要なので予算も考えておきたい。特に長距離を走る際は、ある程度ゆとりをもって予算を立てたほうが良いだろう。現代は、クレジットカードや電子マネーといった様々な電子決済サービスがあり、コンビニエンスストアにはATMがあるため、多少手数料がかかってもお金を引きおろしたほうが安心なので、お金をほと

んど持っていない状態で長距離を走る人も多いかもしれない。都市部や有名な観光地ならそれでもいいが、田舎では電子決済に対応していないお店やコンビニエンスストアが無いのでお金を下ろすことができないこともある。見知らぬ町に行くときは、ある程度は財布に現金を入れておきたい。

　サイクリングの予算で考えておきたいのが飲食代、宿泊費、移動費、予備費だ。Eバイクは内燃機関の自動車やオートバイとは違い、ガソリン代が不要だが、運転する人間の飲食代が必要だ。Eバイクに搭載されているモーターはあくまでも、人力を補助するための物なので、どうしても人間の体力を消費する。しかし、コストを下げるために食事をディスカウントストアやスーパーで済ますのは味気ない。サイクリングを楽しむのなら、飲食費は極端に削らないほうが良い。

　移動費は、サイクルトレインやフェリーなど、交通機関を使用する際の費用だと思えばいい。Eバイクは高速道路や自動車専用道路を走行することができないので、高速道路代や有料道路代は必要ない一方、効率的に移動するための費用が必要だ。レンタカーの使用やEバイクを配送するのも、この移動費に含めていいだろう。移動費はEバイクでの旅行を行う際、費用を抑えると移動範囲が狭くなるので、できるだけ費用を落とさないでおこう。予備費に関しては、万が一Eバイクにトラブルが発生した場合など、突発的に必要な費用で、現金で1～2万円ぐらいは考えておこう。

　Eバイクによる長距離サイクリングは、自動車やオートバイと比較すると、低価格で旅を行うことができるかもしれないが、予算を抑えすぎると旅行の楽しみが半減してしまう恐れもある。予算を立てる際には、予期せぬ出費や、その地域でしか味わえない体験を楽しむための余裕を持たせておこう。

■ E バイクでのグループサイクリングのコツは？

人力スポーツ自転車だと、複数人によるサイクリングは、体力差の問題で難しい。しかし、E バイクの場合は体力差を考えずにグループサイクリングを楽しむことができる

　ひとりでのサイクリングは、出発時刻や休憩のタイミング、訪れる場所を自由に変更できるので気を遣わずに済む。一方、複数人でのサイクリングは、予定の立て方や他の人に合わせて走ることを考える必要がある。

　特に、人力スポーツ自転車で複数の人とサイクリングを行うとき、他人の脚力に合わせて走行するというのは、意外と難しい。例えば、脚力があるA が、脚力が無いB に後ろから従って走ると、A が普通に走っている場合でも、B の体力が非常に消耗してしまい、苦しい状態で走るというのはよくある。

　しかし、E バイクなら脚力の差は縮まるので、人力スポーツ自転車でのグループサイクリングより安心して走ることができる。

　それでも、どうしても差は発生する。例えば、E バイクに搭載されているバッテリーの容量が違うと、航続距離に差が発生してしまう。

　E バイクでのグループサイクリングを行う場合、E バイクやサイクリング

のノウハウを持っていてビギナーに合わせることができ、心配りをしてくれる人と同行するのが一番だ。ビギナーなら、そのような良いベテランと一緒に走ると、ペース配分から休憩のタイミングなど、うまく考えてくれるので、気持ちよく楽しむことができる。ここで必要な心配りというのは、ペース配分と休憩のタイミング。相手が無理をしているなと感じたらスピードを落としたり、休憩を取ったり、信号を通過する際、後続が信号を通過できるか確認するなどの配慮を行う必要がある。

　グループサイクリングを行う時のコツは、２、３人程度のグループで走行する場合、初心者は前を走行して、一番後ろにベテランが走るのが良い。これが逆だと、ベテランは一々後ろを確認して走行することになり、後ろを走行している初心者が、前を走行しているベテランに追いつこうと無理をして走るため危険だ。また、Ｅバイクの台数が多い場合が４台以上と台数が多くてベテランが複数人いる場合、先頭には後続者のペースを考えることができるベテランを先頭にして、真ん中に初心者を配置し、最後尾に先頭と離れた際に助けるベテランを配置すれば、初心者にとっても安心だろう。Ｅバイクに詳しいベテランはいないが、複数人で走る場合、やはり心配りを行う人は必要だろう。

　Ｅバイクでのグループサイクリングを行う際、ペース配分や距離を目安にする場合は、初心者やバッテリー容量が少なく、航続距離が短いＥバイクに乗っている人をメインにするのがベストだ。

　他にも、はぐれないように無理に一緒に走るのはやめておこう。休憩場所から出発する際には、次の集合場所を伝えたり、スマートフォンのアプリで互いの位置情報を確認できるようにすれば、はぐれてしまっても安心できる。グループサイクリングを楽しむのなら、ぜひ活用しておきたい。

■サイクリングでは何を持っていく必要があるか

現代は自転車用ロードサービスがあるので、サイクリングでもスマートフォンとお金だけ持っていけば良いと思う人も多いだろう。しかし、道中で雨が降る場合やパンク修理等が発生することもあるため、最低限の雨具や工具は持っていきたい

　Eバイクでサイクリングを行う際、どのような荷物を持っていけば良いだろうか。Eバイクはモーターのアシストがあるため沢山の荷物を持っていっても大丈夫と思うかもしれない。しかし、色々な荷物を持っていくと車体が重くなる。荷物が重いとバッテリーの消費が大きくなり、航続距離も短くなる。また、Eバイクから離れて移動する際も面倒なので、できるだけ必要最小限の荷物に留めておこう。

　必要最小限の荷物といっても、初心者の場合はどんな荷物を持っていけばいいかわからないと思う。日帰りサイクリングなら最低でも現金、身分証明書、保険証は当然として、雨具、鍵、スマートフォン、ハンドタオル、地図、簡易修理工具、携帯ポンプやパンク修理キット、飲み物や行動食ぐらいは持っていきたい。

　雨具に関しては、コンビニでは使い捨ての雨合羽がよく売られているが、

基本的には、駐輪で必要な鍵、自転車がパンクした時に必要な携帯用空気入れ、パンク修理キットなどの工具は持っていきたい。工具は出先で簡単な調整などを行うために必要な携帯用工具セット、パンク修理を行うために必要なパンク修理キットを入れておこう

可能であれば最低でも 5,000 円クラスのレインスーツは欲しい所だ。特に山間部だと突然雨が降ることがあるため、その対策で持っておくだけでなく、季節の変わり目で突然寒くなった時、防寒対策で着ることもできる。

　E バイクの盗難防止用で必要な鍵に関しては、ワイヤーロックのような鍵は持ち運びしやすい一方で破壊が簡単なため、短時間の防犯対策向けだ。高価な E バイクで旅行を行う場合、頑丈な U 字ロック等、破壊しにくい鍵を使うのが良いが、持ち運びが難しいという欠点もあるため、よく考えて選びたい。

　今やほとんどの人が所有しているスマートフォンは、E バイクでのサイクリングでも持っておくと心強い。自転車ロードサービスを呼ぶ時に必要なだけでなく、カメラやメモ代わりにもなり、ウェブサイトを閲覧して、旅先の宿探しや情報検索もでき、ナビゲーションとして使用できる。注意したいのはスマートフォンを持つのなら、一緒にハンドルにスマートフォンを装着するホルダーを購入しておこう。

　また、サイクリングを行っていると、走行中にタイヤがパンクする場合や、ネジが緩くなっていて締め直す事があるため、旅行先でも自転車の調整を行うために必要な携帯工具や、パンク修理で空気を入れるのに必要な携帯ポンプ、パンク修理キットは用意しておきたい。携帯工具は様々な物があるが、2、2.5、3、4、5、6、8 ミリの六角レンチ、T15、T25、T30 のトルクスレンチ、プラスドライバー、チェーン切りがあれば、万が一トラブルが発生しても、

ある程度は対処することができる。携帯工具は少々高価だが、かさばらない設計となっているため、できるだけ持ち歩いておきたい。携帯ポンプは、一回限りで瞬時に空気を入れる CO_2 ボンベと、手を動かして空気を入れる手動の携帯用空気入れ、充電は必要だが、ボタン1つで空気を入れることができる電動ポンプタイプの3種類があり、好みのを選ぶのが良いだろう。パンク修理キットに関してはEバイクに装着されているタイヤの種類によって、修理キットの種類が変わる。Eバイクのタイヤには、タイヤの中に空気入りのゴム管を入れたチューブ、チューブを使わない代わりにシーラントという専用の液体を入れたチューブレスレディ、タイヤの中にチューブやシーラントを入れないチューブレスがある。種類によってパンク修理キットが異なるため、Eバイクを購入した店舗で確認しておこう。

　Eバイクで旅を行う場合は、このぐらい持っていけば長距離を走る時も不安は無い。さらに長距離を走行する場合は、Eバイクを充電するための充電器を持っていって行くのも良いだろう。但し、Eバイクの充電はスマートフォンなどと比較すると充電時間が長いため、日帰りだけで充電を前提にサイクリングを行うのは、時間が長引くので、あくまでも緊急用として考えよう。

　泊りがけなら、これに加えて着替えぐらいで大丈夫だ。また、キャンプを行うのなら、これに加えて寝袋やテントなどが必要となるだろう。

充電器や予備バッテリーは、長距離を走る場合は持っておきたいが、意外と重いため持ち運ぶには
ためらうことがある。充電時間が長い E バイクの場合、充電器を持っていっても充電時間が長いため、
実際には使わないこともある。サイクリングで持ち運ぶ際はよく考えて持っていこう

■荷物はどのように積載するか

Eバイクにキャリア（荷台）を装着せず、バッグを装着するバイクパッキング方式は、キャリアが装着できないEバイクでも、荷物を積むことができる利点がある。一方で、バッグの装着を適当に行うと走行中に揺れて運転しにくい、バッグの形が独特なため荷物が積みにくいという欠点もある

　Eバイクで荷物の積載を行う際に問題になるのが、どのような方法で荷物を載せるかということ。ロードバイクに乗るサイクリストの場合、荷物を殆ど持たずに移動しているのをよく見かけるが、極限まで荷物を減らしてしまうと、お土産物や着替え等の荷物を持って走るのが難しくなる。そのため、サイクリングを行うのなら、荷物の積載方法を考えておきたい。

　最初に思い浮かべるのがバックパックを背負って走る事だろう。バックパックなら、自転車から離れても気軽に荷物を持っていくことができるので防犯性が高いという利点がある。その一方で、常時背負った状態で走行するため、背中や腰が疲れやすいという欠点もある。また、バックパック容量が大きくなると、サイズも大きくなるため疲れやすくなる。バックパックには様々な種類があるが、サイズは大きくても30リットル程度が限界だろう。

　日帰りサイクリングならバックパックでも容量に不満は出ないが、何日も

キャリアを装着する方法は、バイクパッキング方式と比較した場合、重い荷物を積むことができるだけでなく、バッグやカゴの種類を選べることができ荷物の積載方法が幅広くなるという利点がある。一方で、キャリアが装着できない E バイクの場合は対応できないという欠点もある

かけて走る場合は、着替えや充電器も必要になるため、バックパックだけでは容量が心もとない時は、車体にバックを装着して荷物を分散しよう。車体に装着するバックは様々な物があり、軽くて頻繁に取り出しを行うのに向いていてハンドルに装着するフロントバック、工具や雨具を入れるのに向いていて車体に装着するフレームバックなど、バックの種類ごとに利点と欠点があるので、特徴を考えながら選んでおこう。

　沢山の荷物を E バイクに積載する場合、荷台にバックを装着するバニアバック方式と、荷台を装着せず大容量のバックを装着するバイクパッキング方式の２つのタイプが主流だ。バニアバックタイプは前、もしくは後ろに荷台を装着してバックを装着する方法で、沢山の荷物を低い位置に装着することができるため昔から採用されている。その一方で、荷台が装着できない場合は、使用できないという欠点がある。

　一方で、バイクパッキング方式は、荷台を装着せず、ハンドルや車体、サドルなどに大型バックを装着する方式。このタイプは、荷台を購入しなくて

日本ではマイナーだが、E バイク後方にサイクルトレーラーを装着する方法がある。バイクパッキングやキャリアと比較して、オートバイ並みの沢山の荷物を積むことができる。但し、歩道走行ができず、扱い方にコツが有るという欠点がある

も大容量の荷物を積むことができるので注目されている。一方で、適当に荷物を積むと振動で荷物が揺れやすくなるため、取り付け方に失敗すると荷物が揺れて乗りにくくなりやすいという欠点もある。

　バニアバックやバイクパッキングより、沢山の荷物を積みたい人にお勧めなのが、サイクルトレーラーだ。サイクルトレーラーは車体後方部に連結する荷物運搬用トレーラー。バニアバックやバイクパッキングと違い、車体に直接荷物を積まないため、走行中は荷物の重さを感じにくいだけでなく、バニアバックやバイクパッキングよりも沢山の荷物を積むことができる。ただし、日本の法律ではサイクルトレーラーを装着すると歩道走行ができないなどの欠点があるため、誰にでも薦められるわけではないが、覚えておいて損はない。

　バニアバックやバイクパッキング、サイクルトレーラーに限らず、荷物を積む場合は、できるだけ上下左右のバランスを崩さず、きちんと固定しておくことが必要だ。また、荷物はできるだけ低い位置に装着し、重心をできる

だけ下げておきたい。適当に荷物を積んだ状態で走行すると、走行中に荷物が落下するだけでなく、カーブを曲がる際に車体が不安定になるため、転倒する危険があるためだ。

④ E バイクの選び方・点検・カスタマイズ

E バイクに興味を持つと、最終的に E バイクが欲しくなるだろう
ここで問題になるのが、どのような E バイクを購入すればいいか
わからないことだ
E バイクには様々な種類があり、価格もピンキリ
ここでは、E バイクの種類から選び方、点検などを紹介する

■Eバイクはどのような種類がある？

　Eバイクと言って多種多彩なモデルが存在するため、どんなEバイクを購入すればいいか悩むだろう。

　自動車やオートバイのようにEバイクには様々な種類がある。Eバイクを簡単に分類すると、ロードバイクタイプ、グラベルロードタイプ、クロスバイクタイプ、マウンテンバイクタイプ、ミニベロタイプ、折りたたみ自転車タイプ、カーゴバイクタイプ、オートバイタイプに分けることができる。ここでは、Eバイクの種類を簡単に紹介しよう。

・ロードバイクタイプ

　ロードバイクタイプは、前傾姿勢を取りやすい車体や特徴的なドロップハンドル、細いタイヤを装着しており、舗装路を高速で走行するために重視したタイプのEバイク。人力タイプのロードバイクは、様々なブランドが製造しているが、Eバイクの世界では、ロードバイクタイプのEバイクはマイナーだ。その理由は車体重量で、人力タイプのロードバイクは、車体を軽くして少ない力でも高速で走れるようにしている。しかし、Eバイクの場合、モーターやバッテリーが搭載されているため、通常の人力タイプのロードバイクよりも重くなるため、Eバイクでは傍流となっている。

　現在は、少数ながらロードバイクタイプのEバイクを販売している企業があり、カーボンフレームを採用した軽量モデルなら、車体重量が13キロを切るモデルもある。カーボンフレームの人力ロードバイクだと、車体重量は7キロから8キロ程度のモデルが多いため、決して軽いとは言えないが、一般的なクロスバイクタイプのEバイクの重量が20キロ近いのを考えると、Eバイクの中では軽量だと言えるだろう。

　ロードバイクタイプの利点は、車体が軽くてタイヤが細いため、アシストが弱い状態でも舗装路を快適に走行できる事だろう。人力タイプのロードバイクのように、時速30キロ以上出して高速走行を行うのではなく、ロード

Ｅバイクの中でも、比較的マイナーな部類に入るのがロードバイクタイプのＥバイク。世界的にマイナーな理由は、人力ロードバイクでも平地では簡単に速度が出せることと、モーターとバッテリーが搭載されているので、車体重量が重くなるため。そのため、Ｅバイクの中でも種類が少ない

バイクのスタイルを余裕を持って楽しむのに向いている。

　欠点は、ロードバイクの特徴である、上半身の疲労感が高くなりやすい前傾姿勢や、舗装路を高速で走行するために細いタイヤを装着しているため、乗り心地が悪くてパンクしやすい。また、荷台を装着するための台座が無いため荷物を装着するのが難しい車種もある。汎用性よりも舗装路だけを快適に走りたいと思う人にお勧めなのがロードバイクタイプのＥバイクだ。

・グラベルロードタイプ

　ロードバイクタイプのようにドロップハンドルを装備しているが、舗装路だけでなく砂利道を走るのを重視したのがグラベルロードタイプのＥバイクだ。前傾姿勢を取りやすい車体や、特徴的な形状を採用したドロップハンドルを搭載しているが、ロードバイクタイプよりも太いタイヤや、砂利道でも安定した走行ができるようにホイールベースを長く取るなど、ロードバイク

ロードバイクタイプに似ているが、砂利道など未舗装路走行を重視したのがグラベルロードタイプ。舗装路走行に特化したロードバイクタイプとは違い、未舗装路走行も重視しているので、車体や部品が頑丈なのが特徴だ

タイプよりも安定した走行ができるのが特徴だ。グラベルロードタイプの利点は、舗装路を快適に走ることができ、荒れた舗装路や砂利道も気にせず走行することができること。舗装路の走行性能に関しては、ロードバイクタイプのEバイクと比較すると、高速走行は劣るが、ドロップハンドルを握って空気抵抗を抑えるような走りができるため、クロスバイクタイプよりも高速走行を行うのは向いている。乗り心地に関しても、太いタイヤを装着しているため、ロードバイクタイプよりも良い。マウンテンバイクが走行するような未舗装路に関しては、ハンドル形状の関係で押さえにくいため車体を操るような走り方は向かないが、ロードバイクタイプのようにパンクに怯えるようなことがない。ロードバイクタイプのEバイクと比較した場合、スピードは劣るが、サイクリングや旅行を重視する人に向いているだろう。

クロスバイクタイプのＥバイクは、扱いやすいフラットハンドルや、舗装路走行を重視した車体や部品を装着しているのが特徴。価格も比較的お手頃で街乗りからサイクリングまで楽しめる

・クロスバイクタイプ

　Ｅバイクの中でも手頃な価格で購入することができるのがクロスバイクタイプのＥバイクだ。クロスバイクは、ロードバイクとマウンテンバイクを組み合わせたジャンルで、Ｅバイクでも多様なモデルが販売されている。

　クロスバイクタイプのＥバイクの利点は、汎用性が高いこと。街乗り用電動アシスト自転車など、本格的なスポーツ自転車に乗ったことが無い人でも乗りやすくするために、ロードバイクよりもある程度起き上がった乗車姿勢を採用した車体や、運転しやすいフラットハンドル、街乗り用自転車に近い太めのタイヤを装着している。また、一部車種には、街中にある段差を通過する際に感じる、ガツンとした乗り心地を抑えるためにサスペンションを装着している車種も存在する。よく言うと汎用性が高く、悪く言うと中途半端なジャンルだが、舗装路から砂利道まで対応しており、初心者でも安心して走れるように作られている。初心者で街乗りからサイクリングまで楽しく走りたい人や、費用対効果を重視したい人にお薦めだ。

マウンテンバイクタイプのEバイクの中で、主流となっているのがフルサスペンションタイプ。前後に
サスペンションを装着しており、荒れた未舗装路で乗り心地が良くなるだけでなく、走破性が上がる
という利点を持っている

・マウンテンバイクタイプ

　砂利道や林道、山道などオフロードを走行するために作られたのがマウン
テンバイクタイプのEバイクで、世界的にはE-MTBと呼ばれている。

　クロスバイクタイプよりも頑丈な車体やパーツ、オフロードの走破性を高
めるための太いタイヤや、電池の消費が大きいオフロード走行でも安心して
走れるように大容量のバッテリーを搭載しているのが主流だ。モーターも急
な坂道でも上れるようにパワフルなモーターが装備されている車種が多い。

　マウンテンバイクタイプのEバイクは、車体前側と後側にサスペンショ
ンを装着したフルサスペンションタイプと、車体前側にサスペンションを装
着したハードテールタイプの2種類がある。

　人気なのが車体前側と後側にサスペンションを装着したフルサスペンショ
ンタイプ。サスペンションは衝撃を吸収してくれるだけでなく、タイヤを路
面に接地させることで、効率よく地面にパワーを伝えることができる。一方
で、前後にサスペンションを装着するため、構造が複雑になる。また、車体

マウンテンバイクタイプのＥバイクの中でもハードテールタイプは、前にサスペンションを装着しているのが特徴。構造はシンプルになり、価格が安いが、後輪のグリップ力が劣るため、走破性はフルサスペンションタイプに劣るという欠点がある

価格も高額で、車体重量がハードテールタイプと比較して２キロから３キロほど重くなる欠点がある。ただし、車体重量に関してはモーターのアシストがあるため、マウンテンバイクタイプのＥバイクでは、サスペンションの効果を重視して、フルサスペンションタイプが人気となっている。

　ハードテールタイプは車体前側のフロントフォークにサスペンションを装着したタイプ。フルサスペンションタイプと比較すると、車体重量は数キロほど軽くなり、構造がシンプルになるためフルサスペンションタイプよりも低価格になるのが利点だ。一方で、未舗装路を走行した場合、乗り心地が悪い、後輪のグリップ力がフルサスペンションタイプと比較して劣るという欠点がある。

　マウンテンバイクタイプのＥバイクは未舗装路走行だけしかできないと思うかもしれないが、頑丈な車体や街中にある段差にも安心感がある太いタイヤが装着されているので、SUVのようにサイクリングからオフロードまで楽しむのも良いだろう。

小径車輪を採用したミニベロタイプのEバイクは、多種多用な種類があり個性的なEバイクが数多く存在する。様々なデザインのモデルがあるため、ミニベロとジャンルをひとくぐりにせず、実際に試乗して乗り心地を確かめてみよう

・ミニベロタイプ

　ミニベロ（小径車）とは、車輪が小さい自転車の通称のことで、車輪の大きさが主に20インチ以下になるとミニベロの扱いになる。ミニベロタイプのEバイクの利点は、車輪が小さいため、車体を小さくすることができるため、玄関先など狭いスペースで保管できる利点がある。一方で、段差が乗り越えにくい、乗り心地が硬い、直進安定性が悪い物がある、また、車輪が一回転で進む距離も少ないため、アシスト力を抑えた場面で走行する場面ではスピードが落ちやすいといった欠点もある。

　一方で、ミニベロの欠点を抑えているEバイクも存在する。乗り心地の悪さはサスペンションを装着することである程度解決でき、直進安定性が悪いという問題も前後の車軸間（ホイールベース）を長く取るなど、安定性を重視した設計にすることで、ある程度欠点を解消することができる。

　ミニベロタイプのEバイクは、設計や部品の選択によって、走行性能や乗り心地が大きく変わるため、購入する際はミニベロとひとくくりにせず、実際に試乗して、乗車感覚を確認しよう。

　ミニベロタイプのEバイクは、主に街乗りや舗装路のサイクリング向けのEバイクがほとんどだ。これは小径車輪の欠点である、段差が乗り越えにくく、クイックな操舵感覚という特徴が、オフロードを走行するには不向きなためだ。

折りたたみ自転車タイプのＥバイクは、車体を折りたたむことができるため、家の中の保管や車載が簡単に行えるという利点がある。但し、折りたたみ部の定期的な点検が必要だ

・折りたたみ自転車タイプ

　車体を折りたたむことができる折りたたみ自転車タイプは、車体が折りたためるため、家の中に簡単に保管できるだけでなく、自動車に簡単に積載できるのでカーサイクリングも気軽に楽しむことができる。欠点としては、車体を折りたたむため構造が複雑になり車体重量が重くなる、折りたたみ性能を重視しているため走行性能を多少妥協しているという欠点がある。

　折りたたみ自転車タイプのＥバイクに関しては、様々な種類が用意されている。大容量のバッテリーとパワフルなモーターを組み合わせたタイプは、ミニベロタイプのＥバイクに近い感覚で走行することができる。その一方で、車体重量は、18キロから20キロと重く、持ち運びは容易ではない。逆に、軽量モーターや小型バッテリーを搭載することで、車体重量を軽くした折りたたみ自転車タイプのＥバイクも存在する。このタイプは、車体重量が軽く、持ち運びが簡単にできるという利点がある。但し、このタイプは車体を軽くするためにバッテリー容量を少なくしているため、航続距離が短い物が多く、折りたたんだ状態で持ち運びしやすくするため、車輪のサイズを小さくしている車種もある。折りたたみ自転車タイプのＥバイクを購入する場合は、車体重量が重く、走行性能を重視した車輪やバッテリー容量が大きいモデルか、車体重量が軽く、折りたたみサイズを小さくするために車輪やバッテリー容量を小さくしたモデルにするのか、どちらかが良いか考えておこう。

カーゴバイクタイプのEバイクは、一般的な街乗り向け電動アシスト自転車よりも重い荷物を積んで、安定して走行することができる

・カーゴバイクタイプ

　カーゴバイクというのは、通常の自転車よりも沢山の荷物を載せることができる自転車のこと。一般的な街乗り用電動アシスト自転車の場合、車種にもよるが最大で27キロほどの荷物を積むことができるが、カーゴバイクの場合はそれ以上の荷物を積載でき、50キロ以上の荷物を積むことが可能な車種も存在する。また、街乗り用電動アシスト自転車と比較して、荷物を沢山積んだ状態でも安定して走行できるように設計されている。

　カーゴバイクタイプのEバイクは大量の荷物を積む配送などの商用利用だけでなく、日常利用から、休日のサイクリングまで楽しむことも可能だ。

　また、このジャンルは、通常の2輪仕様だけでなく、安定性を重視した3輪仕様も存在する。

　欠点は、沢山の荷物を積んでも安定して走ることができるために、車体が頑丈なため重量が重く、スポーツタイプのEバイクのような軽快さを重視する人には不向きだ。また、車体のサイズも大柄なため、駐輪や車載を行う際に制限がある車種も存在するため、購入する際はその辺をチェックしておこう。

様々なＥバイクの中でも、デザインを重視したモデルがオートバイタイプのＥバイク。このタイプのＥバイクは走行性能よりも、デザインを重視しているのが特徴だ

・オートバイタイプ

　数あるＥバイクの中でも、デザイン重視で作られているのがオートバイタイプのＥバイク。このタイプのＥバイクは、オートバイやモペット（ペダル付き原動機付自転車）のデザインを模しているのが特徴で、70年代のミニバイクを模したモデルから、アメリカンバイクを模したモデル、モペットをＥバイク流に解釈したモデルなどが存在する。走行性能よりもファッション性を重視しており、派手なデザインや通常のマウンテンバイクよりも太い４インチほどのファットタイヤを装備するなど、他のＥバイクと比べて目立つのが特徴だ。その派手なデザインは、従来の自転車にはない形状を採用しているため、ファッションアイテムとして購入する人も少なくない。

　欠点は、デザインを重視しているため、長距離走行の性能を重視していないモデルが多く、街乗り向けがほとんどだということ。車体重量も決して軽くなく、30キロ以上あるモデルも存在するため、車載が難しい場合もある。このタイプのＥバイクは、長距離サイクリングを楽しむというよりは、街乗りなどの短距離やファッションアイテムの１つとして考えるのが良いだろう。

■Eバイクを選ぶ際に見ておきたい部分とは？

　Eバイクを選ぶ際に問題になるのが、どのEバイクを選べばいいかわからない事だろう。メディア等でEバイクの紹介を見ることがあっても、内容が大雑把な場合や、褒めているだけでEバイク選びでは役に立たない事も少なくない。

　Eバイクを購入する際は、実際に実車を見て試乗を行い、どんなEバイクなのか自分で判断するのが一番良い。しかし、知識もない状態で実車を見たり、試乗を行ってもEバイクを選ぶのは難しい。ここでは、Eバイクの選ぶ際に見ておきたい部分を紹介しよう。

・Eバイク選びに悩んでいる場合、減点法で選んでみよう

　Eバイクを選ぶ際、選ぶのが難しくなってきた場合は、利点だけを見るのではなく、欠点も見て減点法で選ぶという方法も覚えておこう。これはEバイクだけに限らないが、どんなに良い製品でも製品には欠点が存在する。例えばロードバイクタイプのEバイクなら舗装路を高速に走ることができ

どんなEバイクにも利点と欠点が存在するので、それらの特徴をよく考えて選択しよう

る一方、空気抵抗を抑えるために前傾姿勢で運転し、細いタイヤを装備しているので砂利道ではパンクしやすい。また、パンクしない場合でもスリップして転びやすいという欠点がある。もし利点と欠点の両方を許容できれば、非常に楽しいEバイク生活を送ることができるが、欠点が許容できなかったら楽しくないEバイク生活になり、最終的には乗ることすらうんざりして手放してしまうだろう。

　Eバイクを選ぶ際は、利点と欠点を比較検討しよう。もし、利点よりも欠点が大きい場合は、再度、そのEバイクを購入すべきなのか考えよう。

・Eバイクのモーターの種類は？

　自動車のエンジンは、レシプロエンジンやロータリーエンジン、直列エンジンやV型エンジンなど様々な形式がある。Eバイクの心臓部の1つであるモーターにも種類があり、現在は、インホイールモーターとミッドモーターの2つのタイプが主流となっている。

　インホイールモーターとは、車輪の中心部にあるハブにモーターを搭載したタイプで、ハブモーターとも言われている。利点は、車輪の中にモーターを搭載しているので、車体の設計が自由になる事と、車軸からアシスト力が発生するので、チェーンなどの駆動系の負荷が少ない事、モーターが比較的

インホイールモーターの利点は、スッキリとした車体デザインにすることができるだけでなく、車体設計の自由度が上がり、駆動系の負荷が少ないという利点がある。その一方で、バネ下荷重が重くなるという欠点もある

軽量なため車体重量を軽くすることができる事だ。

　欠点は、モーターを車輪に搭載しているため、バネ下重量が重くなること。バネ下重量とは、サスペンションの下に装着されているタイヤやホイールなどの部品の総重量の事で、バネ下重量を軽くするとサスペンションが動きやすくなり、乗り心地やハンドリングが向上する傾向にあるため、Eバイクに限らず自動車やオートバイ、自転車ではバネ下重量はできるだけ軽くするのが主流だ。インホイールモーターの場合、車輪が重いため、アシストを使わないで自力で走行するとき、重い車輪を動かす必要があるので軽快感がやや劣るという欠点がある。

　また、インホイールモーターを搭載したEバイクは、一般的にオフロード走行を行うマウンテンバイクタイプのEバイクには使われない。これは、路面の衝撃がモーターにかかりやすいのと、構造上の関係でモーター内部にギアを入れる空間が少ないため、後述するミッドドライブと比較して高いパワーとトルクを出すのが難しいという欠点があるからだ。そのため、インホイールモーターは舗装路向けのEバイクに使われていることが多い。

インホイールモーターには、前輪にモーターを装着したフロントインホイールモーターと、後輪にモーターを装着したリアインホイールモーターの2種類がある

　インホイールモーターは、前輪に装着するタイプと、後輪に装着するタイプの2種類があり、装着する場所によって乗り味は大きく異なる。

　前輪インホイールモーターの場合、前輪が駆動することで、前から引っ張る感覚があり、車種によっては回生ブレーキや充電機能を搭載することができるという利点がある。一方で、カーブを曲がるときに重要な操舵部分に重いモーターが搭載されているので、ハンドルを曲げる際の感覚が重いという特徴や、後ろに荷重がかかりやすい急な坂道では、アシストを行う前輪に荷重がかかりにくいため、アシスト力が少なく感じてしまう欠点がある。一般的に、前輪インホイールモーターを搭載したEバイクは、街乗り向けのEバイクに採用されていることが多い。

　後輪インホイールモーターは、操舵部分にモーターが装備されていないので、自然にカーブを曲がることができることと、モーターが後輪に搭載されているため、急な坂道でも荷重がかかりやすいので上り坂でもアシストがかかりやすいという利点がある。そのため、前輪インホイールモーターよりも、スポーティな走行感が楽しめるため、クロスバイクやロードバイクタイプのEバイクに採用されていることが多い。

　Eバイクのモーター形式の中でも、世界的なEバイクメーカーが採用しているのがミッドモーターだ。ミッドモーターとは、車体中心部にモーターを装備し、フロントギアにモーターのアシストを加えて、チェーンやベルトなどを介して後輪に駆動力を伝達してアシストを行う方式だ。

　ミッドモーターの利点は、モーターのアシスト力が足の動きに追従するた

Eバイク用モーターで主流なのがミッドモーターと呼ばれるタイプ。車体中心にモーターを装着しているので重量バランスが良く、脚に直結するようなモーターアシストを行うので、高価格帯のEバイクで主流となっている

め、アシストの反応が良く、足の力とモーターのアシスト力を足して力強い走行感が楽しめる事と、モーター内部に複数のギアを搭載できるスペースがあるため、インホイールモーターよりもパワーやトルクを出すことができるという利点がある。また、重いモーターを車体中心部に装備することで車体の重量バランスを適正化することが可能だ。

　その一方で、モーターを車体内部に装着するため、インホイールモーターと比較して車体設計に制約が発生し、チェーンやベルトといった駆動部分に負担が大きくかかるという欠点がある。また、ミッドモーターはインホイールモーターと比較して価格も高価なため、車体価格も高額になる傾向がある。

　ここでは、インホイールモーターとミッドモーターの特徴を紹介したが、最終的には、実際に乗ってフィーリングを確認するのが一番重要だ。一口にミッドモーターと呼んでも、街乗り向けのモーターとマウンテンバイク向けのモーターでは、出力やトルクが違い、モーターから発生する音も違う。また、同じジャンルのミッドモーターでも、メーカーによって設計の考えが違うので、アシスト時の感覚が全く違う事は当たり前だ。場合によっては、同

じブランドのモーターを搭載していても、アシストの味付けを変えているので力強さが違うということもあるので、できるだけ乗って確かめておこう。

・モーターの力を調べるには、どの部分を参考にすればいいか

　自動車やオートバイのカタログデータでは、エンジンやモーターの最大出力や最大トルクが書いてあるのが一般的だ。Ｅバイクに関しては、モーターの出力と最大トルクを表記していることが多いが、どちらを見るべきかわからない人もいるだろう。

　トルクとは、回転軸を回すための力の強さを表しており、出力は、トルクに回転数を乗算して、一定時間どれくらいの仕事を行うことができるかという仕事率を表している。

　出力に関して覚えておきたいのが、定格出力と最大出力の２種類があることだ。定格出力とは原動機が良好な性能を安全に連続して長時間出力できる出力のことを表す。ここで注意したいのが、定格出力は瞬間的に一番大きい出力を発生させる最大出力とは違うこと。そのため、定格出力が250Ｗのモーターでも最大出力は定格出力２倍以上発生している事がある。

　Ｅバイクに関して、出力よりもトルクのほうが重要視されている。これは、多くのＥバイクが定格出力を表示しており、実際の最大出力がわからない事と、最大出力を上げてもアシスト比率の制限とアシスト速度制限の関係で、いくら最大出力を上げても有効活用することができないためだ。これは、Ｅバイク激戦区でアシスト比率制限が無く、アシストが時速25キロで切れる欧州市場でも同じ傾向となっている。

　出力（w）の式は、2π x トルク（Nm）×ケイデンス（rpm）/60。強力な出力を出すには、何千回転もモーターを回転させる必要があるが、人間の脚は機械のように何千回転も回るわけではない。また、極端に最大出力を上げても最大出力に達する前にアシストが切れる速度に達してしまう。そのため、モーターを製造する部品会社の多くは、モーターを大きくして必要以上にパワーを重視するのではなく、パワーは同等でモーターを軽量化、小型化を行う傾向が主流となっている。

Ｅバイクに搭載されているモーターの力をカタログスペックだけで比較するのは難しい。一般的には最大トルクの数字が大きいほど、モーターの力が強くなる傾向にあるが、カタログスペックで最大トルクを表示されていない場合もあるため、最終的には実際に乗って確認しよう

　トルクの数値に関しては、オフロード走行を行うマウンテンバイクタイプのＥバイク用モーターは、砂利道や急坂を走行するため、トルクが大きいものを搭載するのが一般的だ。オフロード走行を行う際は、最大トルクは70Nm以上あるのが望ましい。

　Ｅバイクのモーターを製造する会社では、様々なグレードのモーターを用意しており、基本的に低グレードのモーターはパワーやトルクが小さく、高グレードのモーターはパワーやトルクが大きい傾向になっている。Ｅバイクのスペック表には定格出力と最大トルクしか表示されておらず、最大出力を公開しない事が多いが、多くのＥバイク用モーターは最大トルクが大きくなると、最大出力も大きくなる傾向にある。そのため、最大トルクが大きいモーターは最大出力も大きいと考えても問題ない。

　近年、モーターを小型化して出力やトルクが少なくしつつ、軽量化を行ったモーターが存在する。このようなモーターは車体が軽い軽量タイプのＥバイクに使われており、通常のＥバイク用モーターと比較するとパワーや

E バイクの中でも車体重量を軽くした車種は、モーターを小型化してモーターの重量を軽くしている。モーターの出力やトルクも抑えているため、アシストの力強さは、通常の E バイクより劣ることがある

トルクは少ない傾向にある。このような軽量 E バイク用のモーターは、パワフルなアシストを求めるのには向いていないが、車体が軽いため弱いアシストでも軽快に走行できるという利点がある。

　ここでは、モーターのスペックに関する話題を一通り紹介したが、最後に重要なのは体感だ。これは、自動車やオートバイのエンジンやモーターでも同じ事が言えるが、いくらスペックの表記だけを見ても、実際の走行感覚はわからない。最後は実際に乗って評価するべきだろう。

・バッテリー容量や充電時間をチェックしよう

　E バイクを選ぶ際、スマートフォンやタブレット PC、ノートパソコンといったバッテリーを使用する電気製品と同じく、バッテリーの容量を気にするのは当然だろう。

一般的にEバイクのバッテリー容量は、電力量（Wh）単位で表すのが主流だ。バッテリー容量を表すのに電力量を採用しているのは、車種によって電圧が違うため、バッテリー容量(Ah)だけでは比較できないためだ。例えば、同じ10Ahでも、36V電圧だと360Whになるが、48V電圧だと480Whとなるため、電力量（Wh）で計算するのが主流となっている。

　電力量（Wh）は、電圧（V）×バッテリー容量（Ah）で表すことができる。Eバイクのバッテリー容量は100Wh以下といった小容量バッテリーから、600Whを超える大容量バッテリーを搭載している物まで様々ある。大容量バッテリーは、アシストを行う距離が長くなる一方で、バッテリーのサイズが大きくなるだけでなく、重量が重くなる。そのため、カーブを曲がる時の感覚が重くなることが多い。

　Eバイクのバッテリー容量は、どのくらい必要なのかは、使用方法などによって違うので一概に言えない。筆者の経験からすると、街乗りから日帰りサイクリングまで幅広い楽しみ方を行う場合、最低でも300Whは欲しい。これよりもバッテリー容量が少ないと、50キロ以上のコースや峠道を走る場合、バッテリー容量に不安感を感じる。

　また、舗装路を中心にサイクリングを行う場合でも、坂道が多い場所を楽に走る場合や、一番パワフルなアシストを多用してゆとりをもったサイクリングを行うのなら、300Whでも不安に感じ、400Whから500Whクラスのバッテリー容量が欲しいこともある。また、マウンテンバイクタイプのEバイクは、未舗装路の山道を走る、砂利道や急坂など力強いアシストを多用するため、500Wh以上の大容量バッテリーの搭載が主流となっている。基本的にバッテリー容量が多いほど航続距離は長くなると思えばいい。

　バッテリー容量だけでなく、Eバイクを購入する際は、どのくらいの距離をアシストしてくれるか気になるだろう。多くのEバイクでは一充電あたりの航続距離を載せており、車種によっては200キロ近い航続距離を実現していると謳うモデルもある。

　カタログに書いてある一充電あたりの航続距離に関して、最初にチェックしたいのが、どのような測定条件を採用しているのかということ。Eバイクの一充電あたりの航続距離で多く使われているのが、一般社団法人自転車協

バッテリー容量は少なすぎると、航続距離が短くなる。しかし、バッテリー容量が多すぎると、充電時間が長くなるだけでなく、バッテリーのサイズや重量が大きくなるため、カーブを曲がる際、違和感を感じることもある。バッテリー容量に関しては一長一短があるのを覚えておこう

会が定める電動アシスト自転車の「一充電あたりの走行距離」の表示及び測定に関する規定、並びに適用規則に基づいた「標準パターン」だ。

　この規定は、平地、上り坂、下り坂をミックスした舗装路を走行するのを設定した測定方法で、実際の走行条件に近いため、多くの企業が採用している。しかし、一部の会社では独自の測定方法を採用している所があり、物によっては平地だけを走行した場合の一充電あたりの航続距離を提示している所もあるため、チェックする際は測定方法も読んでおこう。

　また、カタログで表示されている航続距離は、一番力強いパワフルなアシストモードから、航続距離を重視したアシストモードまで多種多様なのがある。航続距離が長いアシストモードは、車種によってはアシストが弱すぎて使い勝手が悪いことがあるため、基本的には主力で使う力強いアシストモードを参考にしよう。また、山道など未舗装路走行を行う場合は、カタログ値よりも航続距離が大幅に短くなる傾向になる。マウンテンバイクで走行するような未舗装路は、通常の舗装路よりも路面抵抗が大きく、自動車が走行す

ることが難しい急坂を走る時に、強力なアシストを多用するため、バッテリー
の消費が大きくなるためだ。

　バッテリーの容量以外でもチェックおきたいのが充電時間だ。Ｅバイクの
バッテリーは、容量や充電器の性能によって充電時間が異なる。特に、低価
格のＥバイクの場合、コストの関係で充電器が急速充電に対応していない
場合があるため、充電時間が長いことがある。充電時間を短くする方法は、
最初から急速充電器が搭載されているＥバイクを購入するか、後からオプ
ションで用意している急速充電器を購入する方法がある。但し、急速充電器
をオプションで用意しているＥバイクブランドは非常に少ない。充電時間は、
普段遣いだけでなく、サイクリングの途中で補充電を行う際にも重要となる
ので、Ｅバイクを購入する時はチェックしておきたい。

・Ｅバイクは軽量タイプか一般タイプのどちらを選べば良い？

　Ｅバイクは、大まかに軽量タイプとパワーを重視した一般タイプの２種類
に分けることができる。その中でも、近年注目されている軽量タイプは、モー
ターやバッテリーを軽量化することで、従来のＥバイクよりも軽くしたのが
特徴だ。

　このタイプの一番の利点は車体が軽いこと。車体が軽いということは、弱
いアシスト力で走ることができ、電池の消耗を抑えて長距離を走ることがで
きる。それだけでなく、万が一バッテリーが切れたとしても、平地なら人力
だけで走れるため、電池切れの不安感が少ないのも嬉しい。また、重量物
であるモーターやバッテリーも軽量なため、カーブを曲がるときも通常のＥ
バイクよりも軽快に曲がることが可能だ。

　欠点は、モーターやバッテリーを軽くするために、モーターのパワーやト
ルク、バッテリー容量を少なくしている。そのため、多くの軽量Ｅバイクは、
通常のＥバイクと比較した場合、アシストがやや弱いと感じることがある。
バッテリー容量も少ないため、強力なアシストを多用して楽に走行しようと
するとバッテリー容量が物足りないこともある。そのため、軽量Ｅバイク
には、バッテリーをもう１個購入して２個持ちでの使用を提唱している車種

○軽量モーター+軽量バッテリー
　　=利点/軽い
　　欠点/トルク、パワー不足

軽さで
欠点をカバー

自転車としての
運動性を重視

○モーター+大容量バッテリー
　　=利点/パワー、走行距離向上
　　欠点/重い

パワーこそ
正義！

登りで差が
つく余裕

軽いといっても
やばい重いわ

一般タイプの E バイクはパワフルなモーターと大容量のバッテリーを装着しているため、車体重量は重いが、力強いアシストと航続距離が長いという特徴がある。一方で軽量タイプの E バイクは小型・軽量なモーターとバッテリーを装着しているため、車体重量は軽くて取り回しが良いが、モーターのパワーやトルクが不足しているという特徴がある

や、オプションで補助バッテリーを用意している車種もある。

　一般タイプの E バイクは、軽量タイプの E バイクと比較すると、パワフルなモーターを搭載し、大容量のバッテリーを搭載している。力強いアシストのおかげで、発進加速や、上り坂を楽に上ることができる。特に急坂になると、一般タイプの E バイクは軽量 E バイクよりも力強いアシストで楽々と坂道を走ることができる。その一方で、軽量タイプの E バイクと比較すると、大型で重いモーターと大容量バッテリーを搭載しているため、車体重量が重くなる。車体重量が重いと、押し歩きなどでの取り回しに重さを感じるだけでなく、自動車に載せる場合も少々苦労するだろう。

　コーナリングに関しては、現代の E バイクの多くはバッテリーを車体内部に搭載することで、重心を下げているため、カーブを曲がるときの安定性

を高めているので不安感は少ない。ただし車体重量の差を感じることはあり、軽量Eバイクのように急カーブでキビキビと意のままに曲がるのはコツが必要だ。ただし、このような走り限界性能を楽しむ人には問題になることで、普通にサイクリングを楽しむレベルなら特に問題は無い。

　自動車やオートバイだと、初心者に最初にお勧めするのは、小排気量でコンパクトなモデルを薦めることが多い。これは、大排気量で大型のモデルはパワフルで車体が重いので扱いきれないので宝の持ち腐れとなるため、最初は軽量な小排気量車からスタートして徐々にステップアップして慣れていくためだ。

　しかし、Eバイクに関しては、このような話は通用しない。これは自動車やオートバイとEバイクが本質的に違う乗り物のためだ。自動車やオートバイはエンジンやモーターだけの力で走行するため、車体重量が重くても問題ない。しかし、Eバイクは、搭載されているモーターはあくまでも補助で、モーターのパワー自体も、オートバイや自動車よりも小さいため高パワー・高トルクでも問題ない。初心者は、軽量タイプのEバイクを選ぶのか、車体は重いがパワフルな一般的なEバイクを選ぶのかどちらを選べばいいかわからないと思う人が少なくないと思うが、この件に関しては、好みの問題で好きな車種を選ぶのが良い。Eバイクは一番重いモデルでも25キロ程度とオートバイよりも軽量で、乗車時に座るサドルの高さを変更することができるため、車体重量に関する不安感は少ない。単純に車体重量で選ぶのではなく、自分に合ったEバイクを選ぼう。

・Eバイクを購入する際は、実店舗で販売店舗が多いのが良い

　Eバイクを購入する際は、通信販売ではなく実店舗で購入したい。Eバイクに搭載されているバッテリーやモーター、それらを制御するコンピューターには、電子部品が入っており、一般ユーザーが容易に修理することができないため、できるだけ実店舗で購入すべきだ。

　また、Eバイクを購入する際は、取り扱い店舗が多い企業を選んだほうが良い。取り扱い店舗が多いのなら旅先での故障や引っ越しで別の場所に居住

した場合でも修理することは容易だ。しかし、取り扱い店舗が少ない場合、モーターやバッテリーといった電気部品が壊れると、修理に困る場合がある。特に取り扱い店舗では無い店舗で、修理を行おうとしても、修理方法がわからないため修理を拒否する可能性が高い。

　最近では、小売店経由でＥバイクを販売するのではなく、通信販売による直売方式で販売している会社もあり、故障時は製造会社にＥバイクを送って修理を行うブランドも存在する。しかし、Ｅバイクの配送は通常の荷物よりも重量が重く、車体も大きいため高額な配送料金を支払う必要がある。Ｅバイクを購入する際は、取り扱い店舗が全国にあるか事前に確認し、できるだけ取扱店が多いブランドを実店舗で購入するのが一番だ。

■ Eバイクの試乗でチェックしたい部分

Eバイクは、オートバイ並に高額な商品だ。できるだけ試乗を行って、Eバイクの特徴をつかんでおきたい

　Eバイクは、一般的な人力スポーツ自転車や街乗り用電動アシスト自転車と比較して高価なため、購入する前に出来るだけ試乗して確認する人が少なくないだろう。しかし、初めてEバイクを購入する場合、どんな所を事前に確認すればいいのかわからない人も多いだろう。そこで、ここでは試乗を行う際に、チェックしておきたい部分を紹介しよう。

・バッテリーの充電方法をチェックする

　車体をチェックする際、最初に確認したいのはバッテリーの充電方法だ。
　充電方法をチェックする際は、バッテリーが脱着可能か、バッテリーがどのように固定されているかを見ておきたい。
　Eバイクのバッテリーは、一般的には脱着可能な車種が多いが、一部ではバッテリーの脱着ができない車種も存在する。このタイプは、充電を行う際、車体をガレージや室内に入れたまま充電する必要がある。仮に、バッテリーが脱着できないEバイクを購入する際は、あらかじめ充電できる場所を確

Eバイクを購入する際、バッテリーの着脱方法はチェックしておきたい。車種によってはバッテリーの着脱が簡単にできない物や、バッテリーの盗難防止用の鍵が無い物も存在する

保しておこう。

　また、バッテリーを外せるEバイクを購入する場合でも、バッテリーの固定方法を確認したい。バッテリーの固定方法は、主に工具を使用するタイプと、鍵を使用するタイプの2種類がある。工具を使用するタイプは、鍵を忘れても工具を使用すれば簡単にバッテリーを外すことが可能だが、Eバイクから離れた場合、赤の他人が工具を使用して簡単にバッテリーを盗まれてしまう欠点がある。

　鍵を使用するタイプは、バッテリーを外す時は鍵が必要なため、駐輪時のイタズラ等でバッテリーを外すことが難しく、防犯性が高いが、鍵を無くしてしまうと、バッテリーを外せなくなる。通勤や通学、街乗りなど頻繁に駐輪を行う場合は、鍵を使用するタイプを選ぶのが良いだろう。

・押し歩き時の取り回し、持ち上げやすさをチェックする

　Eバイクはオートバイと比較して車体が軽いため、人力スポーツ自転車のように積極的に車体の押し歩きを行ったり、自動車に載せるために車体を持ち上げることが多い。そのため、車体重量がどのくらいあるのかチェックし

よう。チェックする際は、カタログ値をチェックするだけでなく、実際に車体を押し歩いたり、持ち上げてどのくらいの重さなのか確かめよう。車体重量が重いEバイクだと、自動車の荷室に積載する場合や、家の玄関に入れるのが難しいため注意しよう。

・アシストモードは一通り試してみる

　多くのEバイクには、様々なアシストモードが用意されていることが多い。そのため、全部のアシストモードを試乗で試して、そのEバイクがどれだけ快適に走ることができるかチェックしよう。

　一部のEバイクには、アシストの強弱だけを変化させるだけでなく、アシスト力を可変させるアシストモードが用意されている物もある。例えば、一部のマウンテンバイクタイプのEバイクには、荒れた道や石を乗り越える際に、アシスト力を可変させる事で、駆動輪が滑りにくくなり安心して走れるモードをがある。このようなアシストモードは、メーカーによって独自性があるため、確認しておこう。

　平地を走る時に確認したいのが、発進時の力強さだけでなく、時速20キロ以上で走行する時の力強さを確認しよう。日本の法律では、速度が速くなるほどアシスト比率が小さくなるため、モーターや車種によってアシストの力強さなどに違いがあるからだ。

　また、アシストが切れる時速24キロ以上での走行感覚のチェックもしたい。Eバイクは、車体の重量が一般的なスポーツ自転車よりも重いため、アシストが切れたスピードで走行するのが難しい。高速走行が楽なEバイクは、電池切れしにくいため進み具合を見ておきたい。

　アシストの力強さの確認に関しては、アシストモードは一番強いモードから一番弱いモードまで全部確認しよう。Eバイクは、弱いアシストを使用すると電池の消費量が少なくなるため、長い距離を走ることができるが、車種によっては一番弱いアシストモードだと、アシスト力が非常に弱くて坂道を上るのが難しいのもある。アシストが強いモードでどれだけ楽に上れるのかを見るだけでなく、弱いアシストでどれだけ上れるのか見ておこう。

イベントなどで E バイクの試乗を行う際は、できるだけ様々な E バイクに乗っておこう。実際に乗るとイメージが変わる事も少なくない

・カーブを曲がる際、安心して曲がることができるか

　E バイクは、車体内部に重いバッテリーやモーターを搭載しており、モーターとバッテリーの重量を合わせると、E バイクによっては５キロ以上あるのも珍しくない。これにより、人力スポーツ自転車よりも車体が重くなっているだけでなく、車体の前後重心バランスが変化している。そのため、車種によっては、カーブを曲がる時の感覚に違和感があるモデルも存在する。

　コーナリング性能を知るには、実際に試乗してカーブを走行した時の感覚を確認するのが一番だ。よく出来た E バイクの場合、カーブを自然に曲がることができるが、駄目な E バイクだと、普通に曲がろうとしても車体がうまく倒れなくて、曲がりにくく感じるだろう。

　ここで注意したいのが、コーナリング性能を知る際、限界まで高速でカーブを曲がらなくても良いということ。そのような乗り方を行うと周りの迷惑で危ないのもあるが、コーナリング性能が良い E バイクは、普段通りの安全な速度でカーブを曲がるだけでも、違いを知ることができるからだ。

一部のEバイクには、スマートフォンと接続して情報を閲覧するなど、様々なハイテク機能が搭載されていることがある。購入前には、ぜひともチェックしておきたい

・ハイテク装備の機能をチェックする

　一部のEバイクには、様々なハイテク装備が搭載されていることがある。高価なEバイクになると、スマートフォンと接続することで、バッテリーやモーターの異常を診断したり、アシストの力強さを変更することができるなど、様々なハイテク機能を搭載している車種がある。他にも、漕いだ力に応じて常に最適なアシストの出力を行う可変アシストや、最適なギアの選択をAIが自動で判断するオートマチックシフト、万が一盗難された場合、盗難防止アラームが作動し、車両の位置を把握する盗難防止機能など、Eバイクの世界には様々なハイテク機能が存在する。但し、このようなハイテク機能は、場合によっては扱いにくく、不具合が多数発生するような機能も存在するので、一長一短がある。このようなハイテク装備は、試乗だけで確認するのは難しいが、特性をチェックしておきたい。

E バイクによっては、専用のオプションが存在する。購入する際は、これらのオプションパーツをチェックしておこう

・純正オプションパーツをチェックする

　E バイクによっては、その E バイク特有のオプションパーツや、搭載されているドライブユニットのメーカー向けのオプションパーツが用意されていることがある。

　一例を挙げるとするとバッテリーだ。E バイクのブランドによっては、バッテリーの容量を変更することができる車種があり、大容量バッテリーを装着して航続距離を向上させることができる物もある。また、容量が少ない小型バッテリーを搭載した車種でも、オプションで追加バッテリーを用意している車種や、補助バッテリーを用意している車種も存在する。

　他にも、E バイクの速度などを表示するディスプレイも、モノクロ液晶でスピードメーターやバッテリー容量しか表示しない簡単な物が搭載されていても、オプションでカラー液晶仕様や、スマートフォンと接続でき、様々な走行データを閲覧することができるのに加えて、ディスプレイの脱着を行うことで、電子錠として使用できる物まで存在する。

このようなEバイク専用パーツは、試乗を行った時に感じた欠点を補う可能性があるので、購入前には純正オプションパーツをチェックしておきたい。特に、通勤やサイクリングを考えている場合、泥除け、荷台、スタンドといった実用的な部品を装着することができるのかは見ておくべきだ。

　オプションパーツをチェックする際に注意したいのが、Eバイク用オプションパーツには、Eバイクブランド純正オプションパーツと、Eバイクに搭載されているドライブユニットブランドのオプションパーツの2種類が存在する。

　注意したいのが、後者のEバイクに搭載されているドライブユニットブランドのオプションパーツで、こちらに関しては場合によっては適合しない物も存在する。例えばバッテリーの場合、ドライブユニットのメーカー上の表記では、バッテリー容量を大きくすることができる大容量バッテリーの換装ができると書いてあっても、車体に大容量バッテリーを搭載するスペースが無いため、実際は大容量バッテリーの装着ができないという事例があるので注意したい。

　Eバイクの選ぶ際、スペックや他人の評価も重要だが、最終的に最も重要なのは、そのEバイクを実際に手に取り、乗ってみてどう感じるかということ。自分の体格や体力、走行スタイルに適しているか、乗り心地や操作性などの点は、実際に乗ってみなければ分からないのだ。

■ E バイクに乗る際のライディングウェアは？

・ロード向け ・E-bike向け

。大量の汗の処理と空気抵抗を考慮するため専用ウェアが必要。

フラットペダル用のシューズなら歩きやすい。

・脚をペダルに固定するためのシューズは歩くには向いてない。

動きやすい格好であればOK。

人力スポーツ自転車の場合、専用のサイクルウェアを着用する事が多い。E バイクに関しても、専用のサイクルウェアを着るのは有効だが、動きやすい服装にするだけでも問題ない。

　E バイクは人力スポーツ自転車やオートバイと同じく、風を遮る屋根や窓が無いため、ヘルメットや服などのライディングギアが重要になってくる。

　ここで覚えておきたいのが、E バイクのライディングギアは、自転車やオートバイよりも自由度が高いということだ。

　オートバイは、E バイクよりも高速で移動できるため、万が一転んだ時、大怪我になる可能性が高い。そのため、自転車用よりも重いヘルメットやプロテクターなどを着用して安全性を重視している。

　一方で、人力スポーツ自転車はオートバイよりもスピードが出ないため、ヘルメットの着用は努力義務。自転車用ヘルメットもオートバイ用ヘルメットと比較すると軽量だ。しかし、人力自転車の場合は人間が動くときに発生する汗が問題となる。ある程度の長い距離や上り坂を走ると発汗する。このような汗は、特に秋や冬などの寒い日になると汗により体が冷えてしまうため、一般的な防寒着を着用して走行すると汗冷えを起こしてしまう。サイクリングでは発汗対策が重要で、自転車専用のサイクリングウェアには、走行中に体から出る熱を外に放出して、汗冷えを抑える機能があるのが少なくない。

　Ｅバイクのライディングギアは、オートバイと人力自転車の欠点を無くしてくれる。速度はオートバイよりも遅いため、プロテクターの着用は必要ではなく、ヘルメットも軽量な自転車用ヘルメットの着用で良い。自転車では問題になる発汗に関しても、Ｅバイクならアシストの強弱を調整して適正な負荷を保つことができ、自転車なら汗だくになるような過負荷になる上り坂でも汗で服がビショビショにならず、適温を維持できるので防寒対策も比較的簡単だ。

・ヘルメット

　ライディングギアの中でも、持っておきたいのがヘルメット。日本では、自転車はヘルメットの着用は努力義務だが、万が一転倒したとき衝撃を吸収してくれるため、できるだけ被っておきたい。

　一口にヘルメットと言っても様々な種類がある。自転車用ヘルメットと言えば、ロードバイクに乗っている人がよく被っている、穴が沢山空いた流線形のヘルメットを思い浮かべる人が多いが、他にもマウンテンバイク用や、落ち着いた色を採用した街乗り向けのヘルメット、目を守る透明なバイザーを装着したタイプ等、様々な物がある。

　ヘルメットを選ぶ際、最初に見ておきたいのが自分の頭にフィットするかどうかということ。人間の頭は人種によって違いがあり、コーカソイド（白人）の頭は楕円形に近く、モンゴロイド（アジア人）の頭は正円に近い形と

自転車用ヘルメットを選ぶ際は安全性は勿論、ベンチレーションの数や装着したときのフィット感などをチェックしたい

なっているので、書いてあるサイズが同じでも被ってみたら合っていないなどということがある。海外ブランドのヘルメットは、一般的にコーカソイド向けが多いが、一部ではモンゴロイド向けにフィットさせたアジアンフィットと呼ばれるモデルもあるので、チェックしておこう。

　ヘルメットのフィット感に関しては、実際に被って確かめてみよう。また、被っただけで部分的に強く当たる場合や窮屈すぎると、短時間で頭が痛くなる。逆に、いくら調節しても頭を少し揺らすとヘルメットが動いてしまうような物は、万が一の時に衝撃吸収が機能しないため選ばないようにしたい。そして、被る際はあごひもをしっかり締めること。あごひもの調整に関してもブランドやヘルメット自体によって差があり、物によっては操作性が悪いこともある。

　サイズ以外にも気をつけたいのが、重量やベンチレーション（冷却用の穴）だ。ベンチレーションに関しては、Eバイクのサイクリングでも重要で、高い負荷をかけて走る場合、ベンチレーションが少ないと、頭に熱が溜まりやすいので、よく考えて購入しよう。

　強度に関しては、最低でもJISやSGなどの規格をクリアしているものを選んでおきたい。また、一度、大きな衝撃が加わったヘルメットは衝撃を吸収する緩衝材が潰れて元に戻らないため、大きな衝撃が加わったヘルメットは2度と使わないようにしよう。

・グローブとシューズ

　サイクリングを行う際、購入が必要と言われている物がグローブだ。グローブを装着する利点は、手の滑りを防止することだけでなく、転倒した時、路面との摩擦で手に傷ができてしまうのを防ぐプロテクション機能を持っている。Ｅバイクの場合でも、手はブレーキをかけたり、変速を行ったり、アシストのモードを変えるなどデリケートな操作を行うので、フィット性と動きやすさが重要だ。グローブには、主に指先が出ないフルフィンガーと指先が出るハーフフィンガーの２種類がある。フルフィンガーは春夏秋に対応したオールシーズンタイプと防寒素材を採用した冬用の２種類が用意されている。

サイクリンググローブは、転倒した際に手を保護するだけでなく、滑り止めの効果がある。様々な種類があるので、自分好みのサイクリンググローブを探してみよう

　一方で、ハーフフィンガーは指先が出ており、春夏秋用のフルフィンガータイプと比較して、動きやすいのが特徴。ただし、防寒効果は少ないためあ春夏の暖かい季節に向いている。

　また、グローブには手のひら部分に振動を吸収するパッドが入っている物もある。指の動きはやや制限されるが、振動を軽減したい時に向いている。

　グローブを選ぶ際は、試着するのが一番だ。ぱっと見るとどれも同じ形をしているので、変わらないと思うかもしれないが、カッティングや縫製、パッドの形状などで手を動かした際の感覚が異なる。実際に左右両手にはめてみて、Ｅバイクを操作するイメージするなど色々な操作を試してみよう。この時、グローブがきつく感じたり指を動かした時に引っかかる感覚がある物は

避けておこう。

　シューズに関しては、基本的に動きやすい靴で問題ない。ロードバイクなどの人力スポーツ自転車は、足を固定させるビンディングペダルと専用のビンディングシューズを組み合わせるのを推奨していることが多い。これは、足を固定させて効率よく漕ぐという考え方だが、Eバイクの場合、モーターの力があるため、ビンディングペダルは使用しなくても問題はない。

　夏の暑い日に走るときは、サンダルを使って涼しく走りたい人もいるだろう。仮に、サンダルでサイクリングを行う場合、つま先と踵を守り、サンダルが脱げないようにするためのベルクロ等が付いている物を使うのが望ましい。このようなサンダルはアウトドアショップでよく見かけるだろう。

　また、普段使用している靴でEバイクサイクリングを沢山行うと、漕いでいる力によって靴がへたってしまうこともある。サイクリング専用の靴を選ぶ場合、基本的に靴底が硬くて漕いだ時に力が入りやすいトレッキングシューズやマウンテンバイク用シューズ、Eバイク専用のサイクリングシューズなどの選択肢があるので、不満が出てきたらそれらの靴を使用してみるのも良いだろう。

・サイクリングウェア

　オートバイや自転車など、体を出して乗る乗り物では、どんなウェアを着るのか重要になる。例えばオートバイの場合が、転倒した時に地面との摩擦に耐えられるように作られた革ツナギや、事故の衝撃から体を守るプロテクターが存在する。また、ロードバイクやマウンテンバイクなどのスポーツ自転車の場合、伸縮性や吸湿速乾性が高く、長時間のサイクリングでも疲労を抑えることができるサイクリングウェアがある。

　それでは、Eバイクのサイクリングは自転車専用ウェアが必要か？と疑問に思う人もいると思うが、取り敢えず必要ないだろう。

　Eバイクは、人力スポーツ自転車でのサイクリングと比較すると、アシストを調節すれば汗をかきにくく、ロードバイクなどの競技用自転車のように強烈な前傾姿勢の乗車姿勢で運転しなくても力強く走るため、サイクリング

ウェアが無くても快適なサイクリングが楽しめる。ただ、ヒラヒラした服装だと車輪などに巻き込まれる危険があるので、運動しやすい服装で走るのが望ましいだろう。

しかし、サイクリングウェアは自転車で走るように設計されているので、風ではためきにくく、バックポケットが用意されているため、補給食などのアイテムを入れることができる。また、サイクリングパンツにはお尻の所にクッションが付いているため、お尻の痛みを和らげる効果がある。

サイクリングウェアは体のラインがぴったりと出るようなタイプを思い浮かべると思う。しかし、今のサイクリングウェアには、体のラインが出にくいゆったりしたタイプがあり、また、サイクリングパンツに関しては、ズボンの下に履く下着に近いタイプも用意されている。Ｅバイクで本格的なサイクリングを頻繁に行うのなら、サイクリングウェアの購入は将来的に検討しても良いだろう。

・レインウェア

殆どのＥバイクは屋根が無いため、雨が降ってきたら雨具を着る必要があり、長距離サイクリングでは雨具は必需品だ。天気予報で晴れの予報なのに雨具を常時持っていく必要はあるのか？と疑問に思う人もいるだろう。確かに、その辺の街中を散歩のように走る際は必要ない。しかし、長距離走行や山深い峠道を走る際にはレインウェアはできるだけ持っていきたい。

天候は、突然変わる事はよくあり、特に山の中だと午前中は晴れていても午後になると天候が変わるというのは珍しくない。また、雨具によっては雨対策だけでなく防風対策で使うことができる物もある。春や秋だと、峠の頂上から下る際に風を全身に受け、体が冷えてしまい体調を崩してしまうということもありうる。そのような事を考えると、峠道や長距離を走るのならレインウェアは持っていこう。

一言でレインウェアと言っても多種多用な物がある。コンビニで良く売られている安価なレインコートは丈が長いので走行中に車輪に絡まる危険があり、サイクリングには向かず緊急用だ。ホームセンターや作業服販売店でよ

くみるヤッケは、収納する際はコンパクトに折りたたむことができ、価格も安い。しかし、ヤッケはあくまでも作業中の汚れを防止や防風を目的として作られており、基本的には雨の日の使用は想定されていない。

サイクリングで使われているレインウェアと言えば、四角い布の中央に穴を開けて、そこから頭を通して着るポンチョがあるが、これは気軽にさっと被ることができるが、強い風が吹くとめくれてしまうなどの欠点があり、防寒対策で使うのも難しい。

初心者でお薦めしたいのは上着とズボンを別々に着ることができるセパレートタイプ。これは、通常の雨具として使うことができるだけでなく、上着だけを着用して防風対策として使うことが可能だ。

また、レインウェアを選ぶ際に重要なのが防水性能と透湿性能だ。レインウェアに関しては、どのくらいの水の圧力に耐えられる防水性を持っているのかを示す耐水圧が性能を示している。耐水圧に関しては2000ミリメートルが中雨、10,000ミリメートルが大雨、20,000ミリメートルが嵐に耐えられる目安となっている。また、耐水圧は座るなど圧力が増すような動作を行うとより強い耐水圧が必要になる。

レインウェア選びでもうひとつ重要なのが透湿性。透湿性とは、衣服の内側にある蒸気状態の汗を素材が外部に放出する能力を示す指標であり、24時間に放出される水分量をグラム単位で数値化して表現される。透湿性が高いレインウェアは、雨や風などの外気をシャットアウトしつつ、内側の水蒸気は外に出すため、体が汗で蒸れにくくなる。因みに、大人が安静にしている時は24時間で約1,200グラム、軽い運動だと24時間で約12,000グラム、ランニングなどの激しい運動を行っているときは24時間で約24,000グラムと言われている。

そこで気になるのが、サイクリングを行う際、どのくらいの耐水圧と透湿性が必要なのか？ということ。参考として、とある大手アウトドアブランドの自転車用レインウェアは、耐水圧が20000ミリメートル以上、透湿性が24時間で8000グラムとなっている。Eバイクのサイクリングは、アシスト力を調整して通常の自転車よりも汗をかきにくく調節することができるが、レインウェアはサイクリング以外にも使うことができるので、ある程度良い

物をそろえておきたい。

　レインウェアに関しては、アウトドア向けから自転車専用品まで様々な物がある。汎用性を重視してアウトドア用を選んでも問題ないが、自転車専用品はストレッチ性を確保していたり、走行時にすそのバタつきを抑えたり、シューズを履いたまま脱着可能な構造を採用しているなど、自転車で走るのに合った設計になっているので、頻繁に雨の中を走るのなら自転車専用品を選んだほうが良いだろう。

　他にも雨対策で考えておきたいのが視界で、雨が降っている状態で走行すると、雨が目に入るなど視界が悪化する。雨の中を走る場合はアイウェアやシールド付きヘルメットを使用して、視界を確保しておこう。また、長時間走行するのならシューズカバーも考えよう。

・防寒対策

　Ｅバイクの防寒対策に関しては基本的に人力自転車の防寒対策と同じく、防風、保温、吸湿速乾の３つを考えればいい。

　防風に関しては、今は風を遮断する素材を使用した防風ジャケットが多く販売されているが、汎用の防風ジャケットによっては熱がこもり、汗冷えが起こる物が存在する。しかし、自転車専用ウェアには、前面に風を遮断する素材を使用し、背中の一部に湿気を吸収・発散させる素材を使うことで、汗冷えを防ぐ機能が備わっている。Ｅバイクでサイクリングを頻繁に楽しむ場合は、防風対策が施された冬用サイクリングウェアの着用を考えよう。

　保温に関しては、サイクリングをメインに行う場合は、一般的には保温と吸湿速乾が両立できる多機能インナーを着用する。このような多機能インナーは、街中で使う物からアウトドア用、自転車用まで様々な物が存在する。多機能インナーを選ぶ際は、速乾性が無いインナーを装着しないようにしたい。速乾性が無いインナーを装着すると汗で濡れた状態が長く続き、汗冷えが発生してしまう。多機能インナーを選ぶ際は、アウトドア用や自転車用を選んだほうが良いだろう。

　また、防寒対策に関しては、基本的にサイクリングウェアを着用するのが

ベストだが、サイクリングウェアは
大げさだと考える人もいるだろう。
そんな場合は、Ｅバイクのアシスト
を強めに設定して汗を抑えて運転す
れば、ある程度は汗冷えしにくい状
態で走ることができる。

　他にも、防寒対策では手や足も重
要だ。この部分で重要なのは防風と
保温の２つ。手は真っ先に冷えてし
まう所だが、指を動かすところでも
あるため、グローブも防寒性よりも

手の防寒対策で一番有効なのがハンドルカバー。
カッコは決してよくないが、防風効果が非常に高
いため、手がかじかむことなくサイクリングを楽し
むことができる

動きやすさを重視してしまい、どうしても寒くなりやすい。防寒用グローブ
を選ぶ際は、手や指を圧迫しない程度のゆとりがあるサイズがいいだろう。
そして、冬用グローブ以上の防寒対策を行うのならハンドルカバーが一番
だ。格好は決して良くないが、防風対策になり手から出る熱である程度保温
効果がある。ハンドルカバーはママチャリ用だけでなく、クロスバイクやマ
ウンテンバイクに使用できるフラットハンドル用や、ロードバイクやグラベ
ルロード等に装着できるドロップハンドル用があるので、大半のＥバイク
なら装着できるだろう。

　足は、手と比較すると寒さには強いが長時間我慢して走っていると、いつ
のまにか寒さで固まってしまうこともままある。対策に関してはシューズカ
バーや多機能素材を採用した保温性が高い靴下、トゥウォーマーがある。トゥ
ウォーマーというのは爪先から足の甲までを防風、保温するグッズ。主に、
自転車用とオートバイ用の２種類があり、自転車用は靴の外に装着するタイ
プが多く、オートバイ用は靴下の上に着用して靴を履くタイプとなっている。
構造的にオートバイ用でもＥバイクに使うことが可能な物も存在する。

　ここまでいろいろと書いてきたが、それでも駄目なら、最終手段としてカ
イロや電熱グッズを用意するしかない。カイロには使い捨てカイロと、ベン
ジンを入れて何回でも使用することができるオイル式カイロの２種類があ
る。使い捨てカイロは一回しか使用することができず、オイル式カイロと比

較すると温度は低いが、コンビニやスーパー、ドラッグストアなどで気軽に購入することができ、足裏に装着するタイプなど、様々な物が用意されているので、防寒対策でメインになるだろう。一方でオイル式カイロは、プラチナの触媒作用を利用している。これは，プラチナ触媒に熱を加えると反応し、気化したベンジンを水と二酸化炭素に分解され、その時に発生する熱をカイロとして使う物。使用する際はベンジンが必要で、火口を温める必要があるが、使い捨てカイロの約13倍の熱量を持ち、一般的なモデルで最大24時間の保温効果があるため、今でも愛用者が多い。長距離走行を頻繁に行う人にピッタリだ。

　電熱グッズに関しては、電熱ベストやグローブ、シューズカバーなどがある。これら電熱グッズは様々な所で注目されており、インターネットの通信販売で安価に購入できる場合があるが、怪しい物だと発火する危険があるため、安心できるメーカーを選ぼう。また、これらグッズは、長時間身に着けて使用すると、低温やけどを発生する危険性があるので、取り扱う際は説明書をきちんと読んでおこう。

■Eバイクの点検方法は？

乗り物は定期的な点検が必要だ。Eバイクに関しては、通常の人力スポーツ自転車よりも長い距離を簡単に走ることができる。また、コンピュータが搭載されているため、電気関係のトラブルが発生することもある。そのため、Eバイクを購入する際は、しっかりとした店で購入したい

　Eバイクを購入したら、早速走りに行こうと思っているかもしれない。しかし、Eバイクに慣れていない状況でいきなり走ると何かしらのトラブルが発生した場合、トラブルに対処できない場合や、アシストに慣れなくて運転が難しく感じることもある。購入したEバイクは、これから長い付き合いとなるため、じっくりとそのEバイクに慣れることから始めよう。

　購入後、最初に行うのは取扱説明書を読む事だ。Eバイクは電源ボタンを押すだけで走行できるモデルから、スマートフォンと車体を接続して、所有しているEバイクの情報を見たり、アシストの設定を変更できるモデルまで様々な種類があるため、取り扱い説明書は一通り目を通しておこう。購入する前には気づかなかった新たな機能があることを発見したり、簡単な整備

Ｅバイクの点検を行う際、最初に取り扱い説明書を読んでおこう。取り扱い説明書には、所有しているＥバイクの取り扱いだけでなく、点検方法が書いてあることがほとんどだ

の方法や、万が一トラブルが発生した時の対処方法も書いてあることがあるので、損はないだろう。

　取扱説明書を読んだ後は、Ｅバイクに慣れることに集中しよう。Ｅバイクはブレーキを握った時の感覚、スイッチの操作方法やハンドリングや加速感などを慣れておこう。Ｅバイクには慣らし運転は必要無いが、少しずつ慣れるように走って特性を掴んでおきたい。Ｅバイクに使われているモーターやバッテリーは、自動車やオートバイに搭載されているエンジンとは違い大きな点検をせずとも何年も動く。しかし、それ以外の部分は定期的なメンテナンスが必要で、全くメンテナンスを行わないで安全に快適に走ることはできない。もし、点検を行わずに走行していると、調子がどんどん悪くなり壊れてしまう。

　人によっては、壊れてから直せばいいと思うかも知れないが、このような状態になると、高額部品を交換することになる可能性が高まるだけでなく、最悪の場合は死亡事故を引き起こす場合もある。Ｅバイクに限らず乗り物の維持費を抑える最善の方法は、定期的に点検を行い、大事にならないうちに修理や交換するのが一番なのだ。

　しかし、Ｅバイクをメンテナンスするにしても、どのようなメンテナンス

オフロード走行を行うと、車体は泥だらけになる。この状態を放置すると車体が急速に劣化するため、できるだけ早めに掃除しておきたい

を行えば良いのかわからない人がほとんどだろう。Eバイクは通常の人力スポーツ自転車よりも複雑な電子部品を採用しているので、下手に手をつけると逆に壊してしまうこともある。そのため、基本的には取扱説明書を読んで、メンテナンスを実施しよう。

　Eバイクのメンテナンスは、自転車店任せで行う人も少なくないと思うが、基本的な点検は覚えておきたい。最低でもチェックしたいのが、ブレーキ、タイヤ、サドル、ハンドル、変速、ライトの5つ。ブレーキに関しては、前輪、後輪の両輪共にきちんと動作して止まるか、タイヤはきちんと空気が入っておりヒビ割れや膨れが無いか、サドルやハンドルはきちんと固定されているか、ライトは点灯するかは最低限チェックしておきたい。他にも、部品の装着が甘い、新車の時と比較して異音が出ていると感じたら、自転車店で相談しよう。

　自動車だと、決められた年に行う法定点検や車検があるが、Eバイクに関しては、そのようなのは無いため、オーナーの判断で点検を行う必要がある。自転車の定期点検は1年と言われているが、サイクリングを頻繁に行う場合

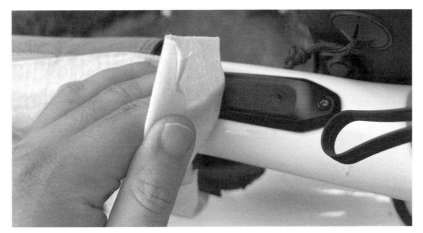

Ｅバイクを洗う場合は、高圧洗浄など強い水流を使用すると、水が侵入してしまい壊れる可能性がある。洗う際は取り扱い説明書を読んで、注意して洗おう。

や、20キロ以上の距離を毎日走るのなら、一年ごとの定期点検では足りない。特にＥバイクは通常の自転車と比較して長い距離を走る傾向にあるため、通常の自転車よりも部品の消耗が大きい。

　もし、Ｅバイク初心者で定期点検の頻度が分からないのなら、購入した所で事前に聞くのが良いだろう。また、頻繁に走行するのなら３ヶ月ごとの点検が望ましい。そこまで走らなくても、自分でＥバイクの状態を把握できないのなら半年ごと点検を行ったほうが良いだろう。

　また、点検を行う際、洗車も実施する人は少なくないだろう。洗車はＥバイクを綺麗にするだけでなく、洗車中に車体の状態をチェックすることが出来る。一般的なＥバイクに使われている部品の殆どは防水仕様となっているため、雨に濡れた程度では問題無い。しかし、高圧洗浄など強い水流を当てると、モーターやバッテリーなどの部品に水が侵入して壊れる可能性があるため、一般的なシャワーヘッドなどを使用するのが望ましい。

　Ｅバイクを洗車する際は、取扱説明書を読んでおき、ディスプレイやバッテリーなど外すことができる部品は事前に外しておこう。もし外すことができない場合は、できるだけ水がかからないようにしておこう。

・Eバイクのバッテリーを正しく使う方法は？

　Eバイクの要の1つであるバッテリーは、適切な取り扱いを行うことで、バッテリーの劣化が変化する。そのため、Eバイクを所有したら正しい取り扱いを行い、できるだけバッテリーを劣化させない使い方を心がけたい。

　現在、多くのEバイクに使われているリチウムイオンバッテリーは、電池内に入っているリチウムイオンが電解液の中を移動することで充放電を行う構造を採用している。バッテリーを放電しきらない状態で再充電を繰り返すと使用容量が少なくなるというメモリー効果が無いだけでなく、小型で重量が軽く、寿命が長いという利点がある。それでも、バッテリーは使用していくにつれて、劣化は進行する。

　バッテリーの長期保管を行う場合に覚えておきたいのが、過充電と過放電を行ってはいけないということだ。

　過充電とは、電池容量が100パーセントを超えた状態でも、さらにエネルギーを詰め込もうと充電してしまう状態で、電池に使われている材料の劣化が進行しやすくなる。

　一方で、過放電は、電池容量が0パーセントを表示している状態から、さらにエネルギーを取り出そうと放電を行う状態。リチウムイオン電池は自己放電を行うという特徴があり、バッテリーを使用していない状態でも電池容量が僅かに減るという特性を持っている。過放電の状態が長く続くと、バッテリーの負極に使用されている銅箔が溶けて劣化してしまい、最終的には充電ができなくなってしまう。

　現在のEバイクに搭載されているバッテリーの内部には、バッテリーの状態を監視するバッテリーマネージメントシステムが搭載されている。このシステムにより、過充電や過放電を防止しており過度に神経質にならなくていいが、長期間放置した場合は不安があるため、過充電や過放電の対策はやっておこう。

　過充電対策に関しては、バッテリーの充電が完了したら早めに充電器から外せば過充電は回避される。Eバイクはスマートフォンやノートパソコンの

Ｅバイクに搭載されているバッテリーは、使用していくにつれてバッテリーが劣化する。しかし、バッテリーの劣化は、ある程度工夫を行うことで、劣化を抑えることができる

ように充電しながら走ることはできないため、過充電対策に関しては問題になりにくいだろう。

　過充電以上に注意すべきなのが過放電だ。寒い冬や出張などの事情によりＥバイクを動かさずに長期間の保管を行う際は、バッテリーの残量を空にするのではなく、ある程度充電しておいてから保管しよう。充電を行う際は完全なフル充電ではなく、約30パーセントから60パーセントほどの残量を残して保管するのが推奨されている。

　また、バッテリーを保管する際は、保管場所の温度などの条件も覚えておこう。バッテリーを保管する場所に適している所は、完全に乾燥した場所で、周囲に可燃物が無く、人間が心地良い気温である10度から20度程度の場所だと言われている。バッテリーは極端な寒さや暑さには弱いため、車内や物置、屋外に保管するのは厳禁だ。もし、バッテリーを簡単に外すことができるのなら、バッテリーを外して室内に保管しておこう。

■ E バイクをより楽しむためのカスタマイズ

E バイクのカスタマイズは、変速機のグレードを上げるより、バッテリーの増量や、タイヤの交換、バッグの装着など、実用的なカスタマイズを行うと費用対効果が高い

　E バイクを乗っていくにつれて、乗り心地が硬いなど、細かい所に不満が出てくるのはよくあることだ。そんな時には、部品交換などカスタマイズを行うのが一般的だ。

　ただ、部品交換を行う際は、目的もなく行っても良いことは起こらない。場合によっては乗りにくくなり、無駄にお金だけが消えていってしまうこともある。部品交換を行う際は、何を目的にして行うのか考えて実施しよう。

　E バイクのカスタマイズで注意したいのは、通常の自転車では採用されていない E バイク専用部品や、E バイク向けの設計を採用した E バイク対応部品があることだ。E バイク専用部品は、ヘッドライトやテールライト、バッテリー、ディスプレイなどの電装部品が中心だ。これら E バイク専用部品で注意したいのが、どんな E バイクに対応しているわけではないということ。そのため、E バイク専用部品の装着や部品交換を行う際は、E バイクに詳しい自転車店で取り付けできるか確認を行うのが良いだろう。

　一方で、E バイク対応部品とは、E バイクのパワーやトルクに対応するために、通常の自転車部品よりも高い強度を持つことで、E バイクにも対応し

Ｅバイクの場合、バッテリーを複数個所有することで、より長い距離を走ることができる。価格も決して安くはなく、バッテリーの重量によっては複数個所有は難しいこともあるが、真っ先に考えておきたいカスタマイズの1つだ

た部品のこと。Ｅバイク対応部品は、ブレーキ、フロントフォーク、ホイール（リム、ハブなど）、タイヤ等がある。車体が重く、比較的速度が出しやすいＥバイクは、補修やカスタマイズを行う際はＥバイク対応部品を選んだほうが安心感が高いだろう。ここでは、カスタマイズを行う中でも比較的容易で費用効果が高い部分を中心に紹介する。

・バッテリー

　Ｅバイクの重要部品であるバッテリーは、Ｅバイクの航続距離を増やす定番方法の1つとして、新たに予備バッテリーを購入するという方法がある。また、一部の車種によっては、予備バッテリーの容量が複数用意されていることもある。この場合、基本的には大容量バッテリーを装着して航続距離を増やすのが一般的だが、一部のマウンテンバイクタイプのＥバイクを楽しむユーザーは、あえて容量が少ない軽量なバッテリーを購入して軽量化を行う人もいる。Ｅバイクによっては、充電時に脱着できないバッテリーを採用しているモデルも存在するが、そのようなＥバイクは車種によっては車体

に装着する補助バッテリーを用意していることがあるため、チェックしておこう。バッテリーの価格は高価だが、航続距離を伸ばす効果的な方法の1つなので、覚えておいて損はないだろう。

Eバイク用ヘッドライトは、通常の人力スポーツ自転車用のヘッドライトと比較して明るいことが多い。高価格帯になると、ハイビーム機能を搭載していることもある

・ヘッドライト

　夜間走行で必需品と言えば、道を照らすのに必要なヘッドライトだ。通常の自転車用ヘッドライトはライト本体に電池が搭載されているが、Eバイク専用品の場合、Eバイクの駆動用バッテリーを使用するタイプが主流だ。Eバイク専用ヘッドライトの利点は、ライト本体にバッテリーを内蔵していないので本体が軽く、長時間ライトを使用できることだ。従来の自転車用ヘッドライトは、ライトに内蔵されているバッテリーの容量が少ないため、一番明るい状態で点灯し続けると、僅か1時間から2時間程度しか使用できない。しかし、Eバイク用ヘッドライトなら、車体に装着された大容量バッテリーを使うことで、何時間も使用し続けることができ、ナイトライドを安心して楽しむことが可能だ。また、海外では、自動車やオートバイのように、前方をより明るく照らすハイビームを採用した物も用意されている。

　Ｅバイク用ヘッドライトを装着する際は、所有しているＥバイクがＥバイク用ヘッドライトに対応しているか、購入するＥバイク用ヘッドライトはどのくらい明るいか、消費電力はどのくらいか、昼間で使用する際はデイライトや消灯などで、電池消費を抑えることができるかをチェックしておこう。

人力スポーツ自転車では主流のカスタムの1つであるサイクルコンピュータ。Ｅバイクの場合は、多機能ディスプレイを搭載していることが多いため、あえてサイクルコンピューターを搭載する事例は少ない

・ディスプレイ（サイクルコンピューター）　ナビゲーション

　通常の人力スポーツ自転車の定番カスタマイズとして、走行速度や走行距離などがわかるサイクルコンピューターというアイテムがある。これはＥバイクにも装着することができるが、Ｅバイクの場合は、様々な機能を表示するためディスプレイと呼ばれており、標準装備されている車種が少なくない。

　Ｅバイクのディスプレイは、走行速度や走行距離を表示することができるだけでなく、バッテリー残量や残り航続距離の表示を行うことができるため、

標準装備されていると嬉しい部品だ。また、このディスプレイは一部車種によってはアップグレード品が用意されていることがあり、ライダーのパワーを測定するパワーメーターや、サイクリスト向けのソーシャルネットワークサービスとの接続、ディスプレイ自体が鍵となっており、ディスプレイを外すとモーターが作動せず盗難防止になる物も存在する。そのため、Eバイクに関しては、従来の走行速度と走行距離を表示するサイクルコンピューターを装着する意味が少なくなっている。

スマートフォンと地図アプリがあれば、簡単にナビを使うことができる。しかし、スマートフォンのナビは、原則として電波が届かない所で使用できない、バッテリーの駆動時間が短いという欠点がある。現代でも、サイクリング専用ナビやアウトドア用 GPS は活用する価値がある

　もし、Eバイクにサイクルコンピューターを装備するのなら、バッテリー残量の表示や、走行場所の地形を考慮した残りの走行距離を表示できるEバイク対応タイプや、ナビゲーション機能を採用した多機能モデルの装着するのが良いだろう。サイクリング用ナビやアウトドア用 GPS は、電波が届かない場所でも使用することができるだけでなく、真夏の厳しい日差しなど長時間の屋外での使用に耐えることができ、稼働時間も長い。現代でも、サイクリング専用ナビやアウトドア用 GPS は活用する価値はあるだろう。

・ハンドルグリップ

　Eバイクに限らず、乗り物を運転する際はハンドルを握ることがほとんどだ。ハンドルは運転の快適性を大きく左右するため、多くの人がハンドルのサイズや形状、握り心地に拘る。Eバイクの場合、一番簡単で効果が高いのが、乗り手と自転車との主要な接点であるハンドルグリップやバーテープだろう。ここでは、クロスバイクタイプのEバイクやマウンテンバイクタイ

プのEバイクなど、フラットハ
ンドルに装着されているハンドル
グリップのカスタマイズについて
紹介する。

　ハンドルグリップには、様々な
カラーや形状があるため、簡単に
愛車の特徴を変えることができる
が、選ぶ際は、カラーリングや価
格だけでなく、滑りにくさ、握り
やすさを確認しよう。

常日頃握るハンドルグリップは、乗り手と自転車との
主要な接点であり、手頃な価格で交換できる。安価
ながら乗り心地向上に効果がある部品だ

　ハンドルグリップに使われてい
る素材は主に3種類ある。耐久性が高く、舗装路向けからオフロード向けま
で様々な種類が用意されているゴムタイプ。ゴムよりも柔らかく、前輪から
の突き上げが抑えられやすいスポンジタイプ。しなやかで柔らかく、握った
時に手にフィットするシリコンタイプの3種類が主流だ。

　また、ハンドルグリップの形にも注目したい。ハンドルグリップは通常の
丸タイプと、手のひらの荷重がかかりやすい部分が平らになっているエルゴ
グリップの2種類がある。丸グリップは握りやすいため、クロスバイクタイ
プやマウンテンバイクタイプなど幅広いモデルで使われている。一方で、エ
ルゴグリップは手のひらを面で支えており、通常の丸グリップと比較して握
りにくいが、圧力が分散されやすいという利点があるため、舗装路走行を重
視するEバイクに使うのが良いだろう。

・タイヤ

　路面に唯一接地するタイヤは、車体やライダー、荷物などの重さを支えて
いるだけでなく、路面の衝撃を吸収し、パワーを路面に伝える役目などがあ
るため重要な部品だ。

　タイヤを選ぶ際は、車輪の直径や幅が適しているか、車体や泥除けなど
に接触しないか注意する必要がある。さらに、Eバイクの場合は、Eバイク

向けのタイヤとなっているか確認しておきたい。Eバイクは大容量の電池や高い出力を発揮するモーターを搭載しているため、通常の人力スポーツ自転車と比較すると重く、モーターの出力により大きな負担がかかるため、耐久性を高めたEバイク対応タイヤがあり、そちらを選ぶのをお勧めする。

Eバイク用タイヤを選ぶ際は、速度を追い求めるより、安定性や走破性を重視したタイヤを選んだほうが、Eバイクの楽しみ方が大きく広がる。可能であれば、Eバイク専用タイヤを装着したい

　タイヤといっても様々な種類がある。舗装路を走行するためのオンロード用タイヤは、路面抵抗が少ないため軽快に走ることができる。一方で、オフロードタイヤは、荒れた不整地でグリップ力を得るためにタイヤの接地面に凹凸の溝を採用しており、オンロード用タイヤでは滑る未舗装路でもオフロードタイヤなら走ることが可能だ。

　他にもマイナーだが、雪道走行を重視したスパイクタイヤがある。スパイクタイヤ はタイヤの接地面に金属鋲を装着してグリップ力を高めることで、滑りやすい雪道やアイスバーンでも走行できるタイヤ。但し、舗装路ではスパイクが路面に接触する音が大きく、スパイクも消耗してしまうため、雪が無い道で使用するのは辞めておくべきだろう。

　人力スポーツ自転車でタイヤを選ぶ際は走行性能を重視する傾向にあり、舗装路を高速で走行する場合は細いタイヤを装着するのが一般的だ。

　しかし、Eバイクのタイヤ選びは走行性能以外の面も考えることをお勧めする。Eバイクの場合、車体重量が重く、なおかつ時速24キロでアシストが切れるため、舗装路の高速走行は基本的に向いていない。そのため、舗装路走行を重視したタイヤを選ぶ場合も、舗装路の高速走行だけを重視して選ぶより、乗り心地や耐パンク性能など総合性能を重視して選択したほうが、扱いやすいことがある。

　また、林道やトレイルなど、未舗装路を中心に走るマウンテンバイクタイ

プやグラベルロードタイプの場合、積極的に未舗装路走行を重視したタイヤを選ぶのも１つだ。人力マウンテンバイクやグラベルロードの場合、舗装路をある程度軽快に走るために、未舗装路でのグリップ力が少なくなるのを承知で凹凸の溝が浅いタイヤを選び、ある程度舗装路を快適に走るようにする考えがある。しかし、Ｅバイクの場合、モーターのアシストがあるため、未舗装路専用のタイヤを装着して、グリップ力を重視して快適に走るのを考えてタイヤを選択するのもいいだろう。

・サドル

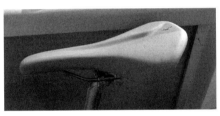

体とＥバイクとの接点の中でも重要なのがサドル。お尻は人によって違うため、Ｅバイクに装着されているサドルが体に合っていないという事も少なくない。そのため、自分に適したサドルを探すことは珍しくない。但し、サドル選びは、

サドルはＥバイクの快適性を決める重要な部品の１つ。安易にサドルを交換すると泥沼に陥ることになるため、サドル交換は条件をよく考えて実施しよう

一歩間違えると泥沼に入ってしまうため、大まかな選び方を覚えておきたい。

サドルには、男女兼用と女性用の２種類があり、多くのＥバイクには男女兼用のサドルが装着されている。因みに女性用サドルは、女性の骨盤の大きさに合わせており、基本的には男女兼用サドルよりも幅広に作られているなど、女性の体に合わせて作られている。

サドルに使われている素材は、主に合皮タイプと本革タイプの２種類がある。現在主流の合皮タイプはプラスチックの土台にウレタン等のクッションを入れて、合皮を被せる構造で、本革タイプと比較して低コストで作ることができ、手入れも簡単で、デザインの自由度が高いため、多くのＥバイクに使われている。

一方で、本革タイプは、金属製の細いレールに、サドルの先端と後ろ端を革で吊り下げている。本革は水に濡らさないなど保管や手入れが必要で、合皮サドルと比較すると高価だが、革が吊り下げられている部分に体重がか

かることで本革がしなることで、使い込んでいくうちに革が馴染んでいき、お尻にフィットするようになるため、今でも愛用者が少なくない。

本革サドルは、金属製の細いレールに、サドルの先端と後ろ端を革で吊り下げている構造を採用している。使い込んでいくうちに革がお尻に合うため、今でも根強い人気がある

　合皮タイプ、本革タイプ共にサドルを選ぶ際、最初に考えるのが、どのような乗車姿勢で運転しているかということ。上半身を最も立たせたアップライトな姿勢の場合、お尻に荷重が大きくかかるため、全体的に幅広でクッション性が高いサドルを選ぶのが良い。逆に、競技用自転車など、上半身を寝かせて前傾姿勢で走行する場合は、幅広いサドルを装着してしまうと、太ももがサドルにあたってしまい漕ぎにくくなるため、幅が狭くて硬めのサドルを装着するのが一般的だ。そのため、サドルの幅を変える場合は乗車姿勢も変わるのを念頭に置いておこう。また、サドルのお尻が接する所が丸みを帯びているか、平らになっているかで腰の自由度が変わる。平らの場合、腰の位置を簡単に変えることが可能なため、長距離走行していて疲れにくいという特徴がある。一方で、丸みを帯びている場合は、腰の動きを限定する一方、姿勢が安定しやすい。

　因みに、サドルによっては、穴あきタイプを見る物もあるだろう、穴あきサドルは、尿道や前立腺など股間の部分の圧迫を最小限にしてくれる利点がある。一方で、荷重が恥骨や座骨などの他の部分に加わるため、股間以外の痛みの原因にもなる可能性があることも覚えておこう。

　お尻が痛みを減少させるためにサドルを選ぶ時、サドルの硬さが気になる人も多いだろう。競技用自転車の場合、前傾姿勢で乗車するためサドルに座り込む姿勢で走るわけでは無いので、薄くて硬いサドルでも問題ないが、通常のサイクリングを行うのなら、硬すぎるサドルを避けて柔らかいサドルを選んだほうがいいだろう。但し、少し漕いだだけでフニャフニャするような柔らかすぎる物だと漕いでいる時に体が暴れてしまうので、適度な硬さが欲しい。

　また、一部のサドルにはバネが入っている物もある。バネ入りサドルと言えば、ママチャリに装着されているモデルのように、フワフワとした感触だと思うかもしれないが、スポーツ自転車用バネ入りサドルは、バネを硬くしている物が多い。バネ入りサドルのバネは、ウレタンのように地面からの衝撃を吸収するだけでなく、漕いでいる時にかかるお尻の圧力を緩和する働きもある。サドルを選ぶ際は、デザインだけで選ぶのではなく、使用用途に応じて、選んでみよう。

　Ｅバイクは、車輪から変速機、ドロッパーシートポスト、サスペンション、ブレーキ、ハンドルまで様々な部分をカスタマイズすることができる。しかし、注意すべき点は、Ｅバイクのモデルや車種により、確認すべき部分が異なり、物によっては特定の車種にしか適用できない場合がある。今回紹介したカスタマイズは、初心者が手軽に始めることができ、費用対効果が高いのを紹介した。もし、それ以上のカスタマイズに興味があるのなら、自分自身で探してみよう。

⑤知っておきたい E バイクの歴史、そして未来

E バイクの歴史は、自動車やオートバイと比較して短い
しかし、この短い歴史の中でも様々なストーリーが存在する
今回、数ある企業の中でも、4 つの企業を通じて E バイクの歴史と
未来を紹介する

その始まりはリーマンショックだった
世界のEバイク市場を牽引する
「ボッシュEバイクシステム」の歴史を紐解く

ロバート・ボッシュ・GmbH（ドイツ）

　欧州や北米を中心に注目されているEバイクは、従来の自転車企業ではなく、様々な異業種が参入している。例えば、Eバイクの重要部品の1つであるモーターやバッテリーなどをまとめたドライブユニットを製造する会社は、自動車部品メーカーで有名なブローゼやマーレ、インスリンポンプや手術用ロボットなどの医療技術分野向けドライブシステムを製造しているマクソンなど、世界有数の企業がEバイク業界に参入している。

　世界有数の企業が参入しているEバイク業界だが、黎明期から活躍し、欧州ではEバイク用ドライブユニットで大きなシェアを持っている事で知られているのがドイツのロバート・ボッシュ・GmbH（以下、ボッシュ）だ。

　ボッシュは、1886年にドイツのシュトゥットガルトでロバート・ボッシュが創業した事から始まり、2023年現在は家電や電動工具から自動車用部品、自動車、鉄道輸送、産業用途のエンジニアリングサービスまで、あらゆる事業を営んでいる。

　世界有数の大企業として知られているボッシュが、なぜEバイクに参入

したのか。それは、2008 年 9 月に発生したリーマンショックが発端となる。

　アメリカの巨大証券会社として知られていたリーマンブラザーズが、サブプライム住宅ローン危機による損失拡大により破綻し、世界的な経済の冷え込みから消費が落ち込んだリーマンショックは、ボッシュにも大きな影響を与えた。経済の冷え込みによって自動車が売れなくなり、ボッシュの主力事業である自動車用部品の販売が悪化したのだ。そのような状況を打破するために、社内で新たな収益を作るために様々な新規事業を立ち上げ、数ある新規事業の 1 つに E バイクがあった。

　ボッシュが E バイク用ドライブユニットの開発を開始した 2009 年当時、欧州市場では日本ブランドのモーターを搭載した電動アシスト自転車が販売されていたが普及していなかった。この時、欧州市場で販売されていた電動アシスト自転車は、日本の街中でよく見る、所謂ママチャリタイプに近いデザインが主流で、世間では「高齢者が乗る乗り物」という評価だった。また、企業側も、欧州市場には力を入れていなかっ

ボッシュは 2009 年に E バイク用駆動システムの開発を行う。2011 年には、E バイク時代の源流である「ボッシュ E バイクシステム」を誕生させる

た。

そんな中、ボッシュは2011年に、Eバイク用ドライブユニット「ボッシュEバイクシステム」を発表した。この時、ボッシュのドライブユニットを搭載したEバイクの特徴と言えばバッテリーだろう。バッテリーを日本の電動アシスト自転車でよく見かける車体後方部に装着しておらず、車体中心部に近い位置に装着することで、当時としてはスッキリとしたデザインを実現した。

また、ボッシュEバイクシステムを搭載した車両は、従来のママチャリタイプだけでなく、スポーツタイプのクロスバイクや、クロスバイクに泥除けや荷台を装着し実用性を高めたトレッキングバイク、オフロードを走行するマウン

ボッシュEバイクシステムを搭載したEバイクは、従来の街乗り自転車だけでなく、クロスバイクやマウンテンバイクといったスポーツ自転車にも搭載された。これにより、新しいモビリティとして認知されて成功した

テンバイクなど、多種多様な車種に採用することで、従来の電動アシスト自転車には無い新規性を実現した。

この時、ボッシュEバイクシステムを搭載したEバイクの価格は、日本円にして35万円から40万円。決して安い価格ではなかったが、従来の電動アシスト自転車にあった高齢者の乗り物というイメージを払拭し、新しいモビリティとして認知されたことにより成功した。また。ボッシュ製ドライブユニットを搭載したEバイクが成功したことで、Eバイクは従来の自転車よりも高価でも売れると認知されたため、Eバイク産業が躍進する。

このような高価なEバイクが売れるようになったのは、オートバイユーザーがEバイクに移行したのもあった。Eバイクは車体が軽いため取り回

E バイクは、オートバイのような走行感を連想する人も少なくないが、実際はライダーが自分の力でバイクを操るような走る楽しさを重視している。ボッシュは、ドライブユニットの開発で契約ライダーが入った事により、乗り手の力がより強くなるようなアシストを採用した

しが良く、乗用車に簡単に積載することができ、オートバイよりもスピードもそれほど出ないため身の回りを深く知る事ができるという利点がある。また、欧州の市街地は自動車やオートバイの走行が制限されている場所があり、自動車やオートバイだと走行できない道でも E バイクなら走ることができるため、E バイクの普及を後押しした。

　ボッシュといえば、E バイクに参入する前は自転車との関係が無く、モビリティの中でもオートバイや自動車の関係性が深い会社で知られている。そのような会社が E バイク用ドライブユニットを製造すると、自動車やオートバイのように勝手に走るような感覚があると思うだろう。しかし、実際は全く違い、漕いだ脚にアシストが追従する自転車らしさを残した味付けを採用している。今回取材を行った、電動自転車システム事業部マーケティング担当の豊田佑一氏曰く「E バイクはオートバイではなく、あくまでも”アシスト”自転車の為、ライダーが自分の力でバイクを操る、走る楽しさを重視している」と、語っていた。

ボッシュは2015年に、Eバイク用多機能オンボードコンピューター「Nyon」を登場させる。スマートフォンと接続してナビゲーション表示などを行うコネクテッド機能を備えている（日本国外向け）

　そして、従来の街乗り向け電動アシスト自転車のように単純に楽に走るようなアシストではなく、乗り手の力がより強くなるようなアシストを採用している。これは、ドライブユニットの開発で契約ライダーが入った事が関係している。例えば、マウンテンバイクタイプのEバイクなら、通常のマウンテンバイクよりもパワーがあるので、もっとジャンプできるようにする等、楽を重視するのではなく、従来の人力自転車ではできなかったことをコンセプトに設計するようになったとのことだ。

　アシストに関しては自転車らしさを残している一方で、自動車やオートバイ部品を製造している会社らしい部品も用意している。例えば、ボッシュは、Eバイク用ドライブユニットの一部に、急ブレーキで車輪がロックするのを防止するアンチロック・ブレーキ・システム（ABS）や、ハンドルに装着されているディスプレイとスマートフォンを接続することで、ナビゲーションや天気予報、フィットネスの記録等を知ることができるオンボードコンピューターを展開している。

ボッシュは2018年に、量産初のEバイク用アンチロック・ブレーキ・システムを登場させた

ボッシュ製 E バイクドライブユニットの中でも、トップモデルと言えるのがパフォーマンスライン CX。最大トルク 85Nm を発揮するモーターには、スリップを抑制し、ライダーの踏力の強弱に応じた最適なアシスト力を自動で提供する eMTB モードを搭載している

　このような先進機能は、多機能オンボードコンピューターは 2015 年から、アンチロック・ブレーキ・システムは 2018 年からと、E バイクの歴史から見ると、比較的早い時期に登場している。

　一般的に考えると、E バイクは自転車の発展形なので、このような機能を用意するという考えは無いと思うかもしれないが、ボッシュという企業が自動車やオートバイ用部品を製造しているからこそ、従来の自転車関連会社にはない考え方を持った部品があるとも言えるだろう。

　アンチロック・ブレーキ・システムや多機能オンボードコンピューターといった部品により、E バイクは新たな客層をつかむことができた。楽しさを提供するには、安心や安全がまず必要という考えで登場したアンチロック・ブレーキ・システムは、急ブレーキをかけた場合、テクニックが必要なくても誰でも安全なサイクリングを楽しめる。スマートフォンと接続する多機能オンボードコンピューターも、単純にハード面でアピールするだけでなく、ナビゲーション等のソフト面を提供することで、今迄の自転車趣味とは違う総合的な E バイクライフを楽しめることができるようになった。

　E バイクは自転車の発展形だが、E バイクに乗っている人は従来の自転車を求めている人ではなく、今迄の電動アシスト自転車や人力スポーツ自転車では不満な人や、新しいモビリティを求める人、オートバイから転向する人など、新しい客層を掘り起こした。ボッシュのように、従来の電動アシスト自転車や人力自転車に関わっていなかった企業だからこそ、新しい市場を開拓できたのだろう。

取材協力：ボッシュ株式会社

かつて、若者に愛されたオートバイブランドは
プレミアムブランドとして復活する
ブランドが復活した理由のひとつは E バイクだった

ファンティック・モーター S.P.A（イタリア）

　日本国内ではあまり知られていないが、先進国ではオートバイよりも E バイクが注目されており、特に欧州ではオートバイよりも E バイクが多く売れている。オートバイの販売台数は、欧州二輪車工業会 のデータによると、2021 年はフランス、ドイツ、イタリア、スペイン、イギリスの 5 カ国を合わせて 94 万 9400 台。一方で、E バイクの販売台数は、ドイツ二輪産業協会のデータによると、2021 年はドイツ市場だけで約 200 万台と、E バイクがオートバイを押さえて躍進している。

　そのため、オートバイブランド等、既存のモビリティ企業が E バイクに参入する事態となっており、2023 年現在、海外では、イタリアのオートバイブランド「ドゥカティ」や「MV アグスタ」、アメリカのオートバイブランド「ハーレーダビッドソン」といった、大排気量の高級オートバイブランドが E バイクに参入するなど、E バイクは非常に注目されている産業となっている。

　高級オートバイブランドがEバイクに力を入れている中、イタリアには Eバイクに注力して成功したオートバイ企業が存在する。その企業の名前は、 ファンティックモーター S.P.A（以下、ファンティック）だ。

　ファンティックは、オフロードタイプのオートバイを製造しているだけで なくEバイクにも力を入れている。同社のEバイクの製造台数は、2021年 度にはオートバイの製造台数を超え、Eバイク専用の製造工場を設立してい るほど売れている。なぜ、Eバイクがファンティックの基幹事業と言える存 在になったのだろうか。

　ファンティックの歴史は1968年 まで遡る。創業期のファンティック は、当時アメリカで流行していた芝 刈り機のエンジンを搭載したミニバ イクに着目し、アメリカ市場向けの ミニバイク、ゴーカート、エンデュー ロバイクを製造していた。この時、 同社を成功に導いたのがオフロード オートバイ「キャバレロ」だ。この 時代に登場したキャバレロは小排気 量エンジンを搭載した原動機付自転 車で、当時の小排気量車では珍しい 大径ホイールと、チューニングパー ツが豊富なミナレリ製2サイクルエ ンジンを搭載することで、若者から 支持を得た。

キャバレロはファンティックを支える主力モデ ルの1つ。写真のモデルはミナレリ製125CCエ ンジンを搭載した1974年モデルのキャバレロ

　キャバレロシリーズの成功をバネ に、ファンティックはチョッパータ イプの原動機付自転車や、ペダル付 原動機付自転車「イッシモ」、カウル 付きの小排気量オンロードオートバ

1980年代にはファンティックはトライアル選手 権で好成績を記録し、トライアル業界で名前を残 す

イ「HP1」など、小排気量のオートバイを展開することとなる。

　20世紀のファンティックで力を入れていたのが、当時の人気競技だったオフロードや道なき道を走るトライアルで使用するオートバイだった。

　ファンティックは1970年代中盤に、オフロードオートバイのレースに参入するためにレーシングチームの結成やトライアルバイクの製造を実施する。そして、1980年代には、オフロードレースやトライアル選手権で好成績を納めて有名となった。特にトライアルに関しては、FIMトライアル世界選手権で3度の優勝を獲得するほどの実力を持ち、日本のトライアルファンからも有名メーカーとして知られるようになる。しかし、環境の変化や経営の失敗により、1996年に活動を停止する。

　一度は消滅したファンティックだが、ベネチアの実業家であるフェデリコ・フレグナンがファンティックブランドを買収し、2009年に復活した。

フェデリコ・フレグナンにより、21世紀に復活したファンティックは、オフロードオートバイとスーパーモタードに注力する

　この時代のファンティックは、トライアルバイクには参入せず、オフロードタイプと、オフロードオートバイに小径ホイールとオンロードタイヤを組み合わせたスーパーモタードに注力する。イタリア選手権やヨーロッパ選手権でタイトルを獲り、復活を果たしたファンティックは、2012年に欧州エンデューロ世界選手権で優勝するなど、レースでは好成績を残していた一方で、販売は低迷した。

2014年にファンティックは、イタリアの投資会社「Veネットワーク」に買収された。Veネットワーク傘下に登場した新生キャバレロシリーズは、1970年代のキャバレロの雰囲気を残しつつネオレトロスタイルのオフロードオートバイとして復活することとなる

　参戦体制は縮小し、事業は行き詰る中、2014 年にイタリアの投資会社「Ve ネットワーク」がファンティックを買収して、再出発を行う。

　Ve ネットワーク傘下となったファンティックは、オフロードオートバイやスーパーモタードを再投入するだけではなかった。新生ファンティックは、「キャバレロ」をネオレトロスタイルのオフロードオートバイとして復活させるだけでなく、盛り上がりを見せていた E バイクに注目して研究開発を行ったのだ。ファンティックが E バイクの開発を始めた 2014 年当時、E バイクに着目したオートバイメーカーは非常に少なく、先見の明があったと言えるだろう。

ファンティックのフルサス MTB タイプの E バイク「XF1 インテグラシリーズ」は、オートバイを連想させる前後異径ホイールや、力強いアシストを実現したブローゼ製モーターを搭載しつつ、ライバルよりも低価格を実現したことで、人気となった

　2017 年に E バイクに参入したファンティックは、翌年の 2018 年にはオリジナルデザインの E バイクを発表し、E バイク市場に本格参入を行う。特に注目されたのは、前後にサスペンションを搭載したマウンテンバイクタイプの E バイク「XF1 インテグラ」と名付けられたモデルだ。

　同社のオフロードオートバイを連想させるイメージを持たせたカラーリングを採用した XF1 インテグラは、オートバイのように前輪に大径の 29 インチを、後輪に前輪より小さい 27.5 インチと前後異径ホイールにすることで走破性とコーナリング性能を両立。車体に綺麗に内蔵されたバッテリーや最大トルク 90Nm と、非常に力強く低騒音で定評のドイツ・ブローゼ製モーターを搭載することで力強いアシストを持ちつつ、一番安いモデルは日本円

に換算して50万円台と、他社の同クラスのEバイクと比較して圧倒的な低価格を実現した。ライバルメーカーと同等の高性能で、低価格で購入できるXF1インテグラシリーズは、欧米のEバイクメディアで注目され、Eバイクの世界でファンティックの名は広がった。

　XF1インテグラシリーズの成功によりファンティックは、2019年にシティタイプのEバイク「イッシモ」を投入する。イッシモは、かつてファンテックが販売していたペダル付原動機付自転車（モペッド）の名前を受け継いだEバイク。Eバイクとして復活したイッシモは、オートバイを連想させるファットタイヤに独創的なデザインを採用したプレミアムなシティEバイクと生まれ変わりヒットする。

　XF1インテグラシリーズとイッシモの成功により、Eバイクは売れると掴んだファンティックは、オートバイメーカーながら、Eバイクに注力することとなった。

ファットタイヤや特徴的な車体を採用することで、迫力とファッション性を両立したシティEバイクとして復活した「イッシモ」

　2020年、中国で発生した新型コロナウイルス感染症（COVID-19）で世界が混乱している中、ファンティックは大胆なチャレンジを行うこととなる。オートバイ部門では、ヤマハモーターヨーロッパの子会社で知られていたイタリアの二輪車エンジン製造会社「モトーリミナレリ」を傘下に置く。そして、Eバイクでは、イタリアの自転車ブランド「Fモゼール」「ボッテキア」を傘下にし、新たにEバイク専用工場を立ち上げた。

ファンティックは、新型コロナウイルス感染症で世界が混乱している中、自転車、Eバイク事業に投資を行う。Fモゼールブランドでは、ロードバイク／グラベルロードタイプのEバイク市場に参入する

ファンティックは 2021 年に新社屋をオープンする。約 4000 平方メートルの敷地に太陽光発電の屋根を持ち、内部は E バイクの製造も行っている

　オートバイ、E バイク両方ともに力を入れたこの年は、新型コロナウイルス感染症の影響で、密にならない交通手段として自転車が注目され、部品供給が遅れるなどの問題があったのにも関わらず、ファンティックは売れ行きを伸ばす。そして、2021 年にはオートバイ企業ながら E バイクの販売数がオートバイを超えるようになった。

　自動車やオートバイの世界では、大衆ブランドが高級ブランドに変わるのは難しいと言われている。実際、多くの大衆車ブランドは高級車を製造せず、高級車専門ブランドを立ち上げるのが一般的だ。

　そんな中、若者向けの小排気量オートバイで始まったファンティックは、紆余曲折がありながらも現代では高級オートバイ・E バイクブランドとして躍進したのは異例とも言えるだろう。ファンティックがプレミアムブランドとして躍進したのは、キャバレロシリーズの復活など、オートバイの成功だけでなく、E バイクで成功した事も大きい。

　様々なオートバイブランドが E バイクに力を入れている中、ファンティックはそう遠くない未来、E バイクに力を入れて成功したオートバイメーカーの先駆者として名を残すだろう。

取材協力：モータリスト合同会社

世界初の量産電動アシスト自転車を誕生させ
モビリティの世界を動かしたヤマハ発動機
次はEバイクで世界を駆け上がる

ヤマハ発動機株式会社（日本）

　1993年、ヤマハ発動機から発売された量産世界初の電動アシスト自転車「PAS（パス）」は、自転車だけでなく、オートバイなどのモビリティの流れを大きく変えた。現在、ヤマハ発動機は、街乗りタイプの電動アシスト自転車だけでなく、スポーツ自転車タイプのEバイクも展開している。特にEバイクに関しては、モーターなどを自転車企業に提供するだけでなく、北米市場に参入し、欧州市場にも参入を開始する。電動アシスト自転車の先駆者であり、世界のEバイク市場に挑むヤマハ発動機の歴史を紐解いてみよう。

　1970年代中盤から、ヤマハ発動機は様々な原動機付自転車の企画検討を行っており、その中には、ペダル付き原動機付自転車の開発プロジェクトがあった。この時は、モーターではなくエンジンを使用し、人力とエンジンの力によるアシストを行うペダル付き原動機付自転車を開発していた。しかし、円滑なアシストを得ることができず、競合他社から登場したペダル付き原動

機付自転車の売れ行きが不振だったのもあり、開発は大きく進展することなくプロジェクトは中断した。

1988 年に転機が訪れる。とある研究開発においてモーター技術に着目し、エンジンの代わりに制御が容易なモーターと自転車を組み合わせた新プロジェクトとして再出発することとなる。このとき、モーターの開発では自動車に使われつつあった電動パワーステアリングに着目した。これは操舵力をセンサーで検出してアシストを行うシステムが、の謳い文句に惹かれて採用したのもあった。

電動アシスト自転車「PAS」のプロトタイプ車両

電動アシスト自転車の開発では、技術面の問題だけでなく法律面でも問題があった。この時の日本は電動アシスト自転車に相当する法律がなく、仮に市販しても、免許やヘルメットが必要な原動機付自転車としての扱いになる。長年、日本国内ではペダル付き原動機付自転車は売れないというジンクスがあるため、免許が必要な原動機付自転車として売るわけにはいかなかった。

そんな状況の中で転機が訪れる。1990 年、地球環境保全が注目され、運輸省（現在の国土交通省）が電動アシスト自転車に注目した。ヤマハ発動機は、開発中の電動アシスト自転車を自転車扱いとして認めてもらえるように、車体の改良や、官庁へのロビー活動などを行った。

様々な課題を乗り越えて、世界初の電動アシスト自転車「PAS」は、1993年11月に神奈川県、静岡県、兵庫県の3県で試験販売が開始された。この時のPASの価格は14万9000円。同じ時期に販売されていた同社の原動機付自転車「ジョグ アプリオ」の価格が14万2000円なのを考えると、決して安くはなかったため、社内では懐疑論もあった。しかし、当初予定されていた3000台は僅か数ヶ月で売り切れることとなり、1994年4月からの全国販売では、当初想定していた年間1万台の販売目標を3万台と3倍に上方修正してスタートした。

1993年に発売された量産車世界初の電動アシスト自転車「PAS」。2022年には独立行政法人国立科学博物館の「令和4年度 重要科学技術史資料（未来技術遺産）」に登録された

　国内市場で幸先よくスタートしたヤマハ発動機は、電動アシスト自転車を日本国内だけでなく、欧州市場でも販売する。1990年代半ばには完成車としての参入するだけでなく、ドイツ、オランダ、イタリアの自転車メーカーや、フランスにある子会社「MBK」に、モーターやバッテリーなどのシステム供給を行い、欧州での普及を狙った。しかし、需要が広がらず、完成車に関しては2000年代前半に撤退することとなった。

　完成車販売で欧州から撤退したヤマハ発動機は、日本国内に経営資源を集中し、紆余曲折がありながらも国内市場では大手メーカーとして君臨する。

　その一方、欧州では電動アシスト自転車市場が加熱していく。決定的となっ

たのは、2011年にボッシュが「ボッシュEバイクシステム」を発表したことだろう。ボッシュEバイクシステムは、スポーツタイプのクロスバイクや、オフロードを走行するマウンテンバイクなど多種多様な車種に搭載され、スポーツ自転車タイプの電動アシスト自転車「Eバイク」が注目されるようになった。

　欧州でEバイクがブームになるにつれて、ヤマハ発動機は再度、欧州市場に本格的に挑戦する。ヤマハ発動機がEバイク用モーターを製造するにあたり注意したのが、欧州と日本の志向の違いだった。ヤマハ発動機は当初、日本国内の街乗り用電動アシスト自転車に使われている、ペダルを踏む力とモーターの力をチェーンを介して合力する「チェーン合力方式」を採用したモーターを投入する。このタイプは非常に強いアシストを発揮することができるが、バッテリーを座席の真下に装着するため、デザイン面での見劣

りや設計の自由度が低いという問題があった。また、日本国内での志向に合わせた結果、アシストの力加減に違和感があったため、欧州市場では不評だった。

　そこで、欧州市場の調査を行い、ヤマハ発動機は同社初のEバイク用モーター「PWシリーズ」の開発を行った。PWシリーズの特徴は、欧州市場のEバイクで主流となっている「クランク合力方式」を採用していることだ。これは、人の力とモーターの力をクランク軸上で合力する方式で、バッテリーの搭載位置が比較的自由なため、設計の自由度を高くすることができる。そして、欧州市場での好みに合わせて、アシストの力加減を自然にするため、ト

ヤマハ発動機は2013年にEバイク用ドライブユニット「PWシリーズ」（写真上）を発表した。日本では同ユニットを搭載したロードバイクタイプのEバイク「YPJ-R」（写真下）を販売した

ルクの大きさを測るトルクセンサー、走行速度を測る車速センサー、クランクの回転を感知するケイデンスセンサーの3つのセンサーを搭載する。この機構はトリプルセンサーと呼ばれ、PWシリーズだけでなく、日本国内で販売されているヤマハ発動機の電動アシスト自転車にも標準装備されるようになった。

　この時、欧州市場では、モーターやバッテリーなどのEバイク用部品供給を行ったヤマハ発動機だが、日本国内に関しては自ら完成車販売を行う。日本市場では、2015年にPWシリーズを搭載したEバイク「YPJ-R」を導入し、その後はマウンテンバイクタイプやクロスバイクタイプなどのEバイクを導入した。そんな中、2010年代後半頃の欧州市場ではオートバイメーカーがEバイク事業に参入する事例が見られるようになる。これは、Eバイクが原動機付自転車の代用品では無く、新たなプレミアムモビリティとして注目されたのに加え、ファンティックなどオートバイメーカーながらEバイクに参入することで躍進した企業が登場したことも関係あるだろう。

2020年にマウンテンバイクのEバイク「YPJ-MT Pro」が登場。ペダルトルク、クランク回転数、スピード、傾斜角センサーを搭載した「PW-X2」モーターに、デュアルツインフレームを採用。高いハンドリング性能と力強くて扱いやすいモーターを搭載し、高性能と乗りやすさを両立した

メインフレームの上下がそれぞれ 2 本に分かれた構造を採用したデュアルツインフレームは、高い剛性の確保や重心バランスの適正化などの機能面を考えて設計されている

　2020 年、ヤマハ発動機は新世代のマウンテンバイクタイプの E バイク「YPJ-MT Pro」を発売する。YPJ-MT Pro の特徴は、車体のデザインだろう。一般的な E バイクが、人力スポーツ自転車のデザインを元に、E バイク化を行っているのが主流だ。しかし、YPJ-MT Pro は従来の E バイクとは全く違うデザインを採用した。目を引くのがメインフレームの上下がそれぞれ 2 本に分かれた構造を採用していること。デュアルツインフレームと謳うこのデザインは、他社の E バイクには無いオートバイメーカーらしいイメージだけを求めて作られたのではなく、高い剛性の確保や重心バランスの適正化などの機能面を考えて編み出された。これにより、重さを感じさせないハンドリングを実現した。

　搭載されているモーターも、従来のペダルトルク、クランク回転数、スピードだけでなく、傾斜角センサーを追加したクワッドセンサーシステムを備えたモーター「PW-X2」を搭載し、パワフルなだけでなく繊細なアシストを行うチューニングを採用することで高評価を得る。また、公益財団法人日本デザイン振興会によるグッドデザイン賞 2021 の受賞や、日本インダストリアルデザイン協会による「JIDA デザインミュージアムセレクション Vol.24」に選定された。

　YPJ-MT Pro の思想は、他のヤマハ発動機製 E バイクにも受け継がれた。2022 年に、ヤマハ発動機はクロスバイクタイプの E バイク「クロスコア RC」、グラベルロードタイプの E バイク「ワバッシュ RT」を発表する。バッ

2022年には、クロスバイクタイプのEバイク「クロスコアRC」、グラベルロードタイプのEバイク「ワバッシュRT」を発表。ジャンル等は違うがYPJ-MT Proのデザインや技術を継承している。

テリーをフレームで包み込むようにしたツインチューブ構造のフレームは、YPJ-MT Proで採用されたデュアルツインフレームを意識している。また、搭載されているドライブユニット「PWseries ST」は、YPJ-MT Proに搭載されていた「PW-X2」と同じく、ペダルトルク、クランク回転数、スピード、傾斜角センサーの4つのセンサーを搭載したクワッドセンサーシステムを採用しており、YPJ-MT Proの技術を継承していると言えるだろう。

　YPJ-MT Pro、クロスコアRC、ワバッシュRTと、非常に独自性があるEバイクを登場させたヤマハ発動機は世界市場にも力を入れる。2018年には北米市場にEバイクの販売を開始し、2023年には欧州市場に完成車参入を予定している。

　Eバイクの世界は欧州ブランドや北米ブランドが主流となっており、特に完成車に関しては日本ブランドの存在感が無いのが実情だ。そんな中、電動アシスト自転車という新しいモビリティを作りだしたヤマハ発動機が、世界のEバイク市場に、貴重な日本のEバイクブランドとして名乗り上げた。

　量産世界初の電動アシスト自転車を生み出したヤマハ発動機。電動アシスト自転車のリーディングカンパニーのプライドをかけて、今、世界のEバイク市場を駆け上がろうとしている。

取材協力：ヤマハ発動機株式会社
参考文献：産業技術史資料情報センター「電動アシスト自転車の技術系統化調査」

日本国内産業の空洞化が叫ばれている中
世界に通用する E バイク工場が沖縄に誕生した
沖縄から陽はまた昇る

株式会社 JOeB テック (日本)

　2023 年 4 月 28 日 13 時頃、沖縄県うるま市の国際物流拠点産業集積地域うるま内で、とある工場が竣工式を行った。その工場の名前は「JOeB テック沖縄工場」。この工場は、日本で初めて、電動アシスト自転車・E バイク、電動オートバイといった電動モビリティ専門の製造を行う OEM/ODM 工場。1993 年に量産世界初の電動アシスト自転車が登場した 30 年目にあたる 2023 年、日本の電動アシスト自転車・E バイクの歴史を変える工場が誕生した。

　2015 年度の調査 によると、沖縄県の産業は商業や金融、観光といった第 3 次産業が 80 パーセント以上を占めている。一方で、建設業や製造業は僅か 14.5 パーセントで、日本国内の中でも製造業が少ない事で知られている。
　沖縄県で製造業が少ない理由は、大きな河川がなく工業用水確保が難しい、電力は他社から融通ができないため、設備投資の関係で他の地域と比較して

高額になりやすい、地理的に辺境なため物流費が高額という問題点がある。そんな状況の中、JOeB テックが、製造業が少ない沖縄県に E モビリティ用工場を設立したのだろうか。

　実は、日本は E バイクを製造して輸出を行うのが有利な国である。自転車の製造工場が多いことで知られている中国では、E バイクを欧州に輸出する場合、アンチダンピング税が大きな参入障壁となっている。アンチダンピング税とは、安売りされている輸入品により、国内産業に損害が発生している場合、国内産業保護を目的に輸入価格に安売り分を上乗せする課税措置の事。中国で製造した E バイクを欧州で販売する場合、70 パーセント以上のアンチダンピング税が課税されるため、実質的に中国製 E バイクは欧州市場に締め出されている。

　一方で、日本で E バイクを製造して、海外に輸出する際の関税は非常に低い。例えば、欧州に E バイクを輸出する場合の関税は、2023 年 2 月からは 1 パーセント、2024 年 2 月からは 0 パーセントと、中国製よりも非常に低い関税となっている。

　関税だけでも日本国内で E バイクを作る理由は存在するが、JOeB テックは日本国内でも製造業が少ない事で知られている沖縄県に工場を設立した。その理由は、E バイクに使われている部品を製造している台湾や中国と近いため、部品調達が容易な事が大きい。また、E バイクを輸出する際の輸送コストも、自転車や E バイクの製造を行う事で知られている台湾から輸送する場合と同等となっている。因みに、JOeB テック沖縄工場は、海上輸送なら工場から僅か 200 メートルほどの場所に貨物港がある。航空輸送もトラックで 1 時間ほどで那覇空港まで移動できるため、輸送面でも大きなアドバンテージを持っている。

　関税だけを見ても、日本国内で E バイクを製造し輸出する利点は大きいが、JOeB テックの工場は低価格の E バイクを製造するのではない。逆に他社の工場にはできない高級 E バイク等の電動モビリティを作るための工場なのが特徴だ。

　JOeBテックは日本国内で組み立てだけを行うのではなく、設計から製造、組み立てまですべて日本で行う。使用する素材はアルミで、日本製のA7204という新幹線に使われている特殊なアルミ素材を使用する。また、製造の際に使う機械も、溶接を行う際に車体を固定する治具から、マシニングセンタまで日本製を採用しており品質を重視している。

　読者によっては、Eバイクを作ることは簡単だと思う人もいるかもしれない。しかし、Eバイクの製造は難しいのが実情だ。Eバイクは、狭い車体にバッテリーや制御装置を入れるため、少しでも精度が悪いと部品を装着することができなくなる。また、精度が悪いと車体と部品の取り付け部分の隙間が大きくなり、埃や水が電子部品に入りやすくなるため故障率も高まる。高品質のEバイクを作るのは難しく、品質が高いEバイクを製造できる工場は世界で引く手あまたとなっている。

　そんなJOeBテックだが、今回の取材で一番語っていたのが日本製や品質ではなく環境だということだろう。JOeBテック代表取締役の松原哲氏は、何度もJOeBテックの一番の特徴は環境に優しい事だと語るほどであった。

　世界では二酸化炭素が問題になっているが、これよりも遥かに重要なのが工場排水だ。二酸化炭素規制は違反した場合、罰金を支払う必要があるが、

JOeB テックの特徴の1つに環境に優しいというのがある。工場排水を極力出さない事により、沖縄の海を汚さず、製造業を行うことが可能になった

工場排水は土壌や水質汚染など人体への大きな影響があるため、罰金だけでなく逮捕される事がある。

　工場や事業所から排出される工場排水は、長年に渡って処理方法が課題となっている。例えば自転車を製造する場合、通常の自転車に使われている水性塗料は、油性塗料と比較して安全性が高いと言われている。これは、塗料の中に入っている揮発性有機化合物（VOC）の量が少ないためだが、水性塗料の中にも健康被害や環境被害のおそれがある揮発性有機化合物が入っているため、絶対的に環境に優しいわけではない。また、自転車に使われるアルミ素材は、塗装を行う前に薬品を使用した表面処理を行う必要がある。そのため、海外では水性塗料や薬品による工場排水が問題になり、スイスなどでは水性塗料を使用した製品に対する輸入規制が厳しくなっている。

　JOeB テックが製造する E バイクの塗装は、揮発性有機化合物が無い日本製の粉体塗装を使用する。それだけでなく、車体の表面処理に関しては薬品を使わず特殊な処理を1回で行い有機溶剤を使用しない。また、工場の屋根

車社会の沖縄は、慢性的に渋滞が発生しており、市民生活だけでなく観光面でも問題となっている。そのため、シェアサイクルなどの2次交通の活用が注目されている

には太陽光パネルを装着することで、二酸化炭素排出削減に加えて、できるだけ工場で使用する電力も工場内で完結しようとしている。

　JOeBテックがEバイクを製造すれば、海外にEバイクを輸出する貴重な輸出産業になるだけでなく日本国内にも良い影響を与えることができる。例えば、観光客向けのシェアサイクルが良い例だろう。

　日本ではシェアサイクルと言えば、所謂ママチャリタイプの街乗り向け電動アシスト自転車が使われており、このようなシェアサイクルは、どんな地域でも同じ形の電動アシスト自転車を導入しているため、独自性を出すことができない。また、行政も独自性を出そうとしても、どのようなEバイクを選べばいいかわからないという問題がある。一方で、欧州では地域ごとに独自のデザインを採用した観光客向けシェアサイクルを採用することで、観光客誘致に力を入れている。例えば、スイスの観光客向けシェアサイクルには、大手金融会社の広告を入れることで、広告料に加えて、温室効果ガスである二酸化炭素（CO2）を削減して、CO2削減量をクレジットとして活用

166

することもできる。さらに、自動車の乗り入れ規制と組み合わせることで新たな雇用創出を行っている。JOeB テックの工場で製造すれば、観光客向けシェアサイクルで同じ事を行うことができ、さらなる雇用創出を行うことが期待できる。また、広告と CO2 クレジットの活用は、観光客向けシェアサイクルだけでなく、法人向けのカーゴバイクなどでも活用できるだろう。

現代社会では、様々な所で持続可能な社会が注目されているが、JOeB テック沖縄工場はまさに持続可能な社会で製造業を行うための答えの 1 つと言えるだろう。JOeB テック沖縄工場のように、持続可能性や環境を重視して製造を行えば、沖縄のような製造業を行うのが不利な場所でも製造業を行うことができるだけでなく、観光業と製造業の両方を狙うことが可能だ。二兎を追う者は一兎をも得ずということわざがあるが、現代では技術を持っていれば二兎を得るものは二兎を得ることができるのだ。JOeB テックは既にヨーロッパ、アメリカを中心に様々な企業から打診を受けている。また、台湾の工場や中国の工場からも打診があり、それらの企業で行えない一番難易度が高い物を製造すると語っていた。

2023 年 6 月現在、JOeB テックはまだまだ歩み出したばかりで、この先は様々な荒波を乗り越える必要がある。ただ、一つ言えるのは、筆者が JOeB テックの工場を見学した時、沖縄から陽はまた昇る未来が見えたということだろう。

取材協力：株式会社 JOeB テック

著者：松本健多朗
1989 年生まれ。自転車や E バイクを中心に、クルマやアウトドアなど遊びや乗り物を楽しむ人に向けた Web メディア「シクロライダー」編集長。特に、電動アシスト自転車や E バイクに関しては、数多くの取材を行っている。

イラスト：松本規之
元某美少女ゲーム会社を勤務し CG や原画を 10 年程担当後、フリーランスに。
イラストやコミック等を中心にした活動をしており、代表作に関しては、漫画は「南鎌倉高校女子自転車部」（マッグガーデン)、小説イラストは「ミニスカ宇宙海賊シリーズ」（KADOKAWA）など。

E バイク事始め　次世代電動アシスト自転車がよくわかる本
（シクロライダーブックス）

2023 年 6 月 30 日　初版第 1 刷発行

著者：松本健多朗
イラスト：松本規之
装丁＆デザイン：エッジプレス合同会社
発行人：松本健多朗
発行所：エッジプレス合同会社
〒 111-0053
東京都台東区浅草橋 5 丁目 2 － 3 鈴和ビル 2 Ｆ
TEL：050-3635-7970
FAX：050-3588-6788
http://edgepress.jp/
info@edgepress.jp
印刷・製本：協友印刷株式会社
ISBN 978-4-911100-00-4　C0075
Printed in Japan